Mein Katzenkind zu Hause

Aline Kurt

bede bei Ulmer

Inhalt

Der Einzug des Katzenkindes

Katzenkinder sind etwas Wundervolles! Die kleinen Samtpfoten brauchen sehr viel Aufmerksamkeit und Zuwendung. Dies gilt vor allem, wenn ein Katzenkind ohne seine Geschwister bei Ihnen einzieht.

Für Ihr Katzenkind ist alles neu und völlig unbekannt. Es muss sich an Sie und die neue Umgebung erst gewöhnen. In seinem neuen Zuhause warten zahlreiche Winkel, Ecken und Möbel darauf, von Ihrem Stubentiger erkundet und beschnuppert zu werden. Doch gerade ängstliche Katzenkinder brauchen sehr lange, bis sie sich heimisch fühlen.

Also geben Sie Ihrem Schmusetiger die Zeit, die er benötigt, um sich einzugewöhnen. Damit dieses kleine Lebewesen Sie als seine Bezugsperson akzeptiert, sollten Sie nicht direkt die Hand nach ihm ausstrecken und versuchen es zu streicheln. So verführerisch das seidige Fell auch sein mag, Katzenkinder sind sehr eigen. Sie suchen von sich aus die Nähe zu ihrem Menschen und schätzen es besonders am Anfang nicht, wenn sie zu einer Handlung gezwungen werden.

In der Welt der Katzen ist eine erhobene Pfote einer Drohgebärde gleichzusetzen. Wenn Sie also die Hand nach dem putzigen, kleinen Wesen ausstrecken, empfindet der Stubentiger dies als Bedrohung, da er all Ihre Gesten in seine „Sprache" übersetzt. Warten Sie stattdessen lieber ab, bis Ihr neues Familienmitglied den ersten Schritt auf Sie zumacht. Dann können Sie beruhigt Zärtlichkeiten austauschen.

Katzenkinder gewöhnen sich am besten an ihre neue Umgebung, wenn sie alles in Ruhe erkunden können.

Info

Erfolgstipp

Wohnungskatzenkinder brauchen viel Zuwendung, damit sie sich nicht einsam fühlen. Wenn Sie sich für die Anschaffung eines einzelnen Stubentigers entscheiden, sind Sie der einzige Bezugspunkt: Sie müssen sich darüber im Klaren sein, dass Sie ganz alleine für das Unterhaltungsprogramm des Katzenkindes verantwortlich sind. Wenn Sie zwei Katzenkinder aufnehmen, werden Sie im Bezug auf das Beschäftigungsprogramm etwas entlastet. Allerdings sind Sie hinsichtlich der Pflege und Fütterung doppelt belastet. So müssen Sie beispielsweise täglich zwei Katzentoiletten reinigen, zwei Stubentiger kämmen, usw.

Bevor ich einziehe

Bevor Sie ein Katzenkind bei sich aufnehmen, sollten Sie sich Gedanken darüber machen, ob Sie die damit verbundene Verantwortung ein Katzenleben lang übernehmen wollen und können. Es wird Sie sein Leben lang als „Mama" oder „Papa" ansehen. Wie auch Menschenkinder hat es gewisse Bedürfnisse, die zu seinem Wohlergehen befriedigt werden müssen.

Aha!

Wichtig

Nehmen Sie sich täglich ausreichend Zeit für die Beschäftigung mit Ihrem Katzenkind. Planen Sie dazu feste Zeiten ein, denn Katzenkinder brauchen einen geregelten Tagesablauf.

Ein geregelter Tagesablauf ist für Katzenkinder sehr wichtig. Deshalb empfiehlt es sich, den kleinen Stubentiger immer zur selben Uhrzeit zu füttern. Auch das für die Entwicklung der Samtpfoten lebenswichtige Spiel sollte zu festen Zeiten erfolgen. Wie oft, wie lange und was Sie mit ihrer Samtpfote alles spielen können, erfahren Sie im Kapitel „Spiele für Ihr Katzenkind".
Obwohl Katzenkinder durch ihr niedliches Erscheinungsbild das sogenannte „Kindchenschema" auslösen, sollte sich jeder Katzenhalter immer wieder vor Augen halten, dass es sich bei diesem wundervollen Geschöpf um ein Tier handelt. Dieser Aspekt

ist deshalb so wichtig, da Tiere von Natur aus andere Denk- und Verhaltensweisen als Menschen an den Tag legen. Eine „Vermenschlichung“ des Stubentigers führt letztendlich zu einer gestörten Tier-Mensch-Beziehung. Für eine stabile Beziehungsebene ist es demnach von enormer Bedeutung, dass Sie das Verhalten Ihrer Katzen verstehen und als natürlich betrachten. Durch intensive Beschäftigung lernen Sie die Persönlichkeit und Lebensart Ihres Katzenkindes sowie seine individuellen Eigenarten kennen und schätzen. Das bedeutet nicht, dass Sie rund um die Uhr für Ihre Samtpfote zur Verfügung stehen müssen. Aber jeder Katzenhalter sollte dennoch bestimmte Zeiten in seinem Tagesablauf einplanen, in denen er sich ausschließlich seiner Katze widmet. Insbesondere gemeinsame Spiel- und Schmusezeiten schaffen Nähe, Vertrauen und Möglichkeiten die Samtpfote besser verstehen zu können. Während dieser Zeiten sollten Sie sich ausschließlich Ihrer Katze widmen und alle anderen Tätigkeiten vermeiden. Katzen spüren nämlich sehr genau, wenn Sie durch andere Handlungen abgelenkt sind. Wenn Sie sich auf Ihre Samtpfoten einlassen, lernen Sie darüber hinaus unendlich viel für Ihr eigenes Leben.

Ihre Katze braucht viel Zuwendung sowie ausgewogene Spiel- und Ruhephasen.

Wann kann ich zu Dir kommen?

Katzenkinder sollten erst mit etwa drei Monaten von ihrer Mutter und den Geschwistern getrennt werden, damit sie alle katzentypischen Verhaltensweisen lernen können. Etwa zur gleichen Zeit „verstößt“ die Katzenmutter in der Natur normalerweise ihre Kinder, um sich wieder ihrem eigenen Leben zuwenden zu können. Sie sollten unbedingt darauf achten, Ihren Schmusetiger nicht vor Ablauf dieses Zeitraums zu sich zu nehmen, um mögliche psychische Folgeschäden und Verhaltensstörungen zu vermeiden.

Bevor Sie Ihr Katzenkind abholen, sollten Sie die Wohnung bereits katzengerecht einrichten (siehe Kapitel „So wollen Katzenkinder wohnen“).

Nehmen Sie sich an diesem Tag ausreichend Zeit und sorgen Sie für Ruhe. Besucher, die Ihr neues Familienmitglied sehen wollen, sollten erst einige Tage später eingeladen werden. In der Anfangszeit ist alles noch sehr neu für Ihr Katzenkind.

Wichtig

Nehmen Sie Ihr Katzenkind erst auf, wenn es ca. drei Monate alt ist. Diese Zeit benötigt Ihr Stubentiger, um alle katzentypischen Verhaltensweisen von Mutter und Geschwistern zu erlernen.

Es benötigt Zeit, um sich einzugewöhnen und alles in Ruhe zu inspizieren. Wie lange die Eingewöhnungsphase Ihres Katzenkindes dauert, hängt ganz allein von ihm selbst ab: Jede Katze ist anders! Geben Sie ihr die Zeit, die sie benötigt.

So sind Katzen

Katzenkinder sind sehr eigen und lassen sich ungern zu etwas zwingen. Die Samtpfoten unterscheiden sich von anderen Haustieren insofern, dass sie sich jederzeit ihre Unabhängigkeit bewahren. Wenn Sie beabsichtigen, eine Katze bei sich aufzunehmen, werden Sie es immer mit einer eigenständigen Persönlichkeit zu tun haben.

Manche Katzenhalter neigen gerade am Anfang dazu, bestimmte Erwartungen an ihre Samtpfote zu stellen, die in ihren Augen zu den Wesensarten einer Katze gehören müssen.
Dabei unterscheiden sich auch unsere Stubentiger anhand unterschiedlicher Persönlichkeitsmerkmale voneinander, die Sie respektieren sollten.

Ich bin ich

Bei uns Menschen erscheint es selbstverständlich, dass jeder Mensch über seine eigene Persönlichkeit verfügt. Wir unterteilen uns selbst in extrovertierte und introvertierte Typen. Die einen, die extrovertierten Menschen, gehen auf andere Wesen zu, verfügen über ein gewisses Maß an Selbstbewusstsein und sind neuen Dingen gegenüber aufgeschlossen. Introvertierte Menschen hingegen gelten als schüchtern und in sich gekehrt. Diese und viele weitere Einteilungen für verschiede Persönlichkeitsmerkmale sind uns bewusst und erscheinen uns als vollkommen normal.

Ich bin introvertiert

Diese Samtpfoten sind Menschen und Artgenossen gegenüber sehr zurückhaltend. Ungewohnte oder neue Lebenssituationen führen bei diesen Tieren zu Stress. Viele introvertierte Katzen reagieren darauf mit Rückzug oder Aggression. Deshalb erfordert es ein gewisses Maß an Verständnis, Ausdauer und Toleranz, um mit introvertierten Katzen ein glückliches Zusammenleben zu führen. Andererseits gibt es auch introvertierte Katzen, die gerne Sozialkontakt zu ihrem Menschen haben wollen, sich aber nicht „trauen“, diese Bedürfnisse offen zu zeigen. Sollte Ihre Samtpfote zu diesem

Katzentyp zählen, können Sie durch einen ruhigen und ausgeglichenen Umgang diese Bedürfnisse dennoch befriedigen, indem Sie laute Geräusche und hektische Bewegungen vermeiden.
Sobald Sie den Raum betreten, in dem sich Ihr Katzenkind aufhält, sollten Sie Ihre Anwesenheit mit leiser Stimme ankündigen.

Ich bin extrovertiert

Extrovertierte Samtpfoten scheuen sich nicht davor, von sich aus Kontakt zu „ihrem" Menschen zu suchen. Oftmals bringen sie dies auch sehr deutlich zum Ausdruck, indem sie so lange maunzen, bis der Katzenhalter endlich die Aufforderung nach Streicheleinheiten erfüllt. Auch bei den extrovertierten Samtpfoten gibt es Unterschiede: Manche Katzen sind völlig verrückt auf das gemeinsame Spiel mit ihrem Menschen und können nicht genug davon bekommen. Diese „Spielekatzen" sind gegenüber Sozialkontakten in Form von ausgedehnten Streicheleinheiten meist weniger zugetan. Außerdem lassen sie sich nicht allzu gerne herumtragen. Ganz im Gegensatz zu den „Schmusekatzen". Sie lieben ausgedehnte Streicheleinheiten und haben auch nicht dagegen, wenn der Mensch sie herumträgt.
Selbstverständlich gibt es auch Samtpfoten, die sowohl extrovertierte, als auch introvertierte Merkmale aufweisen. Wie auch Menschen lassen sich Katzen eben nicht einfach in eine Schublade stecken. Sinnvoll ist es sicherlich dennoch herauszufinden, welche Persönlichkeitsmerkmale der Stubentiger überwiegend aufweist, um dementsprechend besser auf seine individuellen Bedürfnisse eingehen zu können.
Zwingen Sie jedoch niemals eine Katze zu etwas. Wenn Ihr Katzenkind nicht schmusen will, dann müssen Sie das respektieren. Katzen haben ihren eigenen Willen. Sie lassen sich nichts aufzwingen.

Nicht jedes Katzenkind ist so aufgeweckt und neugierig wie dieser kleine Racker.

Aha!

Kommt die Katze auf Sie zu?

Ist Ihr Katzenkind neugierig und muss stets überall seine Nase zuerst hineinstecken? Schmust und spielt Ihr Stubentiger gerne? Wenn Sie diese Fragen mit „Ja" beantworten können, dann haben Sie es mit einem extrovertierten Katzentypen zu tun.
Ist ihre Katze jedoch ängstlich und reagiert stets zurückhaltend, so gehört sie zu den introvertierten Katzenkindern. Sie müssen viel Geduld und Rücksicht im Umgang mit Ihrem Stubentiger aufbringen.

Katzen verstehen

Katzenkinder und Menschenkinder scheinen sich in vielerlei Hinsicht gar nicht so unähnlich zu sein. Auch Katzenkinder haben ein breites Spektrum an Bedürfnissen, für das Sie verantwortlich sind. Um sie zu erfüllen, müssen Sie und Ihr Katzenkind sich verständigen können. Das Katzenkind lernt schnell, dass wir Menschen uns durch unsere spezifische Sprache mitteilen. Natürlich kann ein Katzenkind unsere Sprache nicht lautgetreu wiedergeben, aber es lernt im Laufe der Zeit, die Bedeutung verschiedener Wörter kennen. So können Sie ihm zum Beispiel beibringen, auf seinen Namen zu hören. Dies geschieht, indem Sie ihren Stubentiger immer wieder damit ansprechen.

Dabei sollten Sie jedoch darauf achten, den gewählten Namen nicht zu verwenden, wenn Sie mit ihm schimpfen, denn dann verbindet es diesen mit Unannehmlichkeiten und wird darauf nicht mehr hören. Dieses Phänomen können Sie bei sich selbst beobachten. Reagieren Sie, wenn ein anderer Mensch ihren Namen zum Schimpfwort umfunktioniert, oder stellen Sie ihre Ohren dann auch lieber auf Durchzug? Sehen Sie, genauso geht es ihrem kleinen „Liebling".

Ich kann dich verstehen

Obwohl Sie eine andere Sprache sprechen, versteht Ihr Katzenkind bald anhand der Stimmlage, was Sie von ihm wollen. Allerdings kommt der Stubentiger den Aufforderungen nur dann nach, wenn er möchte. So versteht Ihr Katzenkind nach einer gewissen Zeit sehr wohl, wenn Sie es auffordern zu Ihnen zu kommen. Doch wenn es sich nicht zu lohnen scheint, kommen viele Katzenkinder diesem Wunsch des Menschen nicht nach. Katzen sind keine Hunde. Sie lassen Ihren Willen nur ungern brechen und verhalten sich meist ziemlich egoistisch. Dies gilt auch für Verbote. Ihr Katzenkind weiß nach einiger Zeit sehr genau, ob es eine bestimmte Handlung, wie das Springen auf den Tisch, ausführen darf. Doch viele Stubentiger interessieren sich herzlich wenig für Verbote. An dieser Stelle ist Ihre Geduld und Konsequenz gefragt. Sobald Sie eine ungewollte Handlung ein einziges Mal zulassen, wird Ihre Katze diese künftig immer ausführen. Mehr zu diesem Thema erfahren Sie im Kapitel „Katzen erziehen?"

Info

Erfolgstipp

Jedes Katzenkind entwickelt für seinen Menschen eine eigene Sprache.

Wer seinem Katzenkind Aufmerksamkeit schenkt, wird dessen „Sprache“ sehr bald verstehen.

Ich weiß, wie es dir geht

Katzenkinder haben ein sehr feines Gespür für Stimmungen. Sie merken sofort, ob es ihrem Menschen gut geht oder ob er sich in schlechter Verfassung befindet.

Wundern Sie sich deshalb nicht, wenn Ihr Katzenkind bei Streitigkeiten und schlechter Laune die Flucht ergreift. Es spürt die negativen Schwingungen und verkrümelt sich lieber in einer Ecke, als sich diesem Stress auszusetzen. Sobald Sie traurig sind, tauschen Sie mit ihrem Kätzchen die Rollen. Nun wird ihr kleiner Liebling Sie trösten.

Genau das sollten Sie natürlich bei Ihrem Katzenkind machen, indem Sie sich möglichst viel Zeit nehmen, wenn der kleine Tiger schmusen und kuscheln will. Natürlich ist das nicht immer so einfach. Es gibt Momente, in denen es tausend andere Dinge zu erledigen gibt, doch wer bestimmt eigentlich, dass diese Dinge genau in diesem Augenblick und nicht später erledigt werden müssen? Nutzen Sie die Möglichkeit sich in diesem Augenblick für Ihr Katzenkind zu entscheiden und alles andere auf einen späteren Zeitpunkt zu verschieben. Davon profitiert nicht nur ihre Samtpfote, sondern auch Sie selbst: Was gibt es Schöneres, als ein Katzenkind, das sich liebevoll an seinen Menschen kuschelt? Genießen Sie es einfach und betrachten es als Geschenk und Möglichkeit selbst einmal einen „Gang zurückzuschalten".

Wichtig

Auch Katzenkinder haben Gefühle. Genau wie wir Menschen können Sie Wut, Trauer, Angst und Glück empfinden.

Rituale find ich gut

Katzen sind intelligente Tiere mit einer äußerst schnellen Auffassungsgabe. Gerade deshalb können Sie sich mit Ihrem Katzenkind verständigen und ihm etwas beibringen und Rituale festigen. Dafür benötigen Sie lediglich ein wenig Geduld, Übung und ein immer wiederkehrendes Zeichen. So können Sie Ihrem Katzenkind z.B. die Futterdose hinhalten, wenn es Zeit zum Essen ist. Viele Katzen markieren dann diese Dose, indem sie mit ihrem Köpfchen daran entlang reiben. In den Bäckchen des Katzenkindes befinden sich sogenannte „Duftdrüsen“, die dafür sorgen, dass der markierte Gegenstand den Geruch des Stubentigers annimmt. Ihr Katzenkind erfährt auf diese Weise, dass es Zeit für die Fütterung ist, sobald Sie ihm eine Dose hinhalten.
Es gibt auch Katzenkinder, die es schätzen, von Ihrem Menschen auf hohe Ebenen gesetzt zu werden. Hierbei handelt es sich meist um Plätze mit einer glatten Oberfläche (z.B. Küchenzeilen), die den Katzen zu wenig Halt zum eigenständigen Erklimmen bieten. Sollte Ihr Katzenkind ebenfalls gerne den „Menschenlift-Service“ in Anspruch nehmen, dann klopfen Sie doch einfach jedes Mal auf die Küchenzeile, den Schrank, oder ähnliches, bevor Sie den Stubentiger dort hinauf heben. So weiß Ihre Katze, was nun passiert und bekommt keine Angst.

Aha!

Auch Katzenkinder haben feste Rituale. Dazu gehört beispielsweise die tägliche Fellpflege vor und nach dem Schlafen.

Achten Sie jedoch unbedingt darauf, dass die Katze von alleine wieder hinunter springen kann.
Darüber hinaus schätzen Katzenkinder auch Rituale, die in Ihrer gemeinsamen Beziehung täglich wiederkehren. Dabei handelt es sich beispielsweise um die täglichen Schmuse- und Spielstunden, die immer zur gleichen Uhrzeit stattfinden sollten. Jegliche Form von Ritualen bieten dem Katzenkind Sicherheit und Halt. Sie ermöglichen ihm ein rundum glückliches und zufriedenes Katzenleben.
Selbstverständlich gibt es eine Vielzahl von Zeichen und Ritualen, die Sie mit Ihrer Katze gemeinsam entwickeln können. Um welche Art es sich dabei handelt, legen Sie und Ihre Katze gemeinsam fest. Sie sollten jedoch immer dasselbe Zeichen verwenden, damit ihr Katzenkind dies mit einer bestimmten Handlung in Verbindung bringen kann.

Ich kann auch sprechen

Ihr Katzenkind entwickelt ein breites Spektrum, um sich Ihnen mitzuteilen. Sobald der kleine Tiger merkt, dass seine gewählte Methode erfolgreich ist, wird er sie immer wieder verwenden, um das zu bekommen, was er gerade will.

In der Gegenwart von uns Menschen haben die Katzenkinder gelernt, sich durch Laute mitzuteilen. Eine große Rolle spielt dabei das „Miauen". Die meisten Katzen entwickeln im Zusammenleben mit uns Menschen ein großes Repertoire unterschiedlichster Varianten. Diese Lautäußerung dient hauptsächlich der Kommunikation mit uns Menschen, denn Wildkatzen miauen nur äußerst selten untereinander. Wenn frei lebende Katzen maunzen, dann sind es Katzenkinder, die ihrer Mutter ein Bedürfnis mitteilen. Da reine Hauskatzen jedoch in manchen Belangen auf die Hilfe von uns Menschen angewiesen sind, lernen sie sehr schnell, welche Art des Miauens zum gewünschten Resultat (Futter, Spieleinheiten, etc.) führt.

Info

Wichtig

Sollten Sie Ihrem kleinen Racker z. B. erlauben, Sie morgens zu wecken, indem er Ihnen sanfte Hiebe auf die Nase austeilt, dann wird er dieses Ritual künftig jeden Morgen anwenden, um Sie aus dem Bett zu bekommen. Deshalb bleiben Sie, so schwer es Ihnen auch fallen mag, einfach ruhig liegen und warten ab, bis Ihr Stubentiger die Lust daran verliert.

Miauen

Haben Sie auch schon erlebt, dass ihr Stubentiger plötzlich vor Ihnen saß, sie aus treuherzigen Augen anblickte und kläglich miaute? Diese Situation kennt jeder Katzenbesitzer nur zu gut. Doch was wollen unsere vierbeinigen Lebensgefährten uns damit sagen? Katzenkinder haben ein großes Repertoire an unterschiedlichen Lauten, die sie ursprünglich in Gegenwart ihrer Katzenmutter einsetzten. Da Sie diese Position einnehmen, sobald das Katzenkind bei Ihnen einzieht, gelten diese Laute nun Ihnen. Wichtig ist es natürlich jetzt, dass Sie versuchen, Ihr Katzenkind zu verstehen. Deshalb sollten Sie ihr Katzenkind aufmerksam beobachten, um herauszufinden, was es in diesem Augenblick benötigt. Oftmals hilft Ihnen Ihr kleiner Racker, indem er seine Laute zusätzlich durch Blicke und Voranschreiten unterstreicht. So gibt es Katzen, die zur Futterstelle oder zum Aufbewahrungsort der Nahrung marschieren, wenn Ihr Mensch das „Miau" nicht richtig deuten kann. Was aber tun, wenn ihr Katzenkind stur darauf wartet, bis Sie endlich seine Gedanken erraten haben? In erster Linie sollten Sie jetzt die Nerven bewahren, auf Ihr Herz hören und einfach ausprobieren, was der kleine Racker von Ihnen möchte. Wenn Sie Ihr neues Familienmitglied aufmerksam beobachten und sich ganz bewusst auf die Signale einlassen, werden Sie nach einiger Zeit alle Zeichen deuten können.

Dann werden Sie erkennen, in welcher Stimmung sich Ihre Samtpfote gerade befindet. Sie merken, ob es Ihrem Stubentiger gut geht, oder ob er traurig oder wütend ist. Lange Zeit nahm man an, dass Tiere keine Gefühle besäßen. Aber dies ist völliger Unsinn, denn wer einmal aufmerksam beobachtet, der merkt sehr schnell, dass Katzen Emotionen haben. Ohne emotionale Sensibilität könnte Ihr Katzenkind keine Stimmungen wahrnehmen. Einem Stubentiger merkt man an, ob er sich wohlfühlt, Angst hat, zornig ist, sich freut oder in Spiellaune ist. Es gibt die Möglichkeit mit Katzen auf geistiger Ebene zu kommunizieren. Wer mehr darüber erfahren möchte, findet im Anhang passende Literaturtipps.

Sensible Gefährten: Katzen haben ein ausgeprägtes Gespür für Stimmungen.

Schnurren und Brummen

Von Natur aus angeboren ist das Schnurren bzw. Brummen. Katzenkinder nutzen dies, um auszudrücken, dass es ihnen so richtig gut geht. Wissenschaftler haben außerdem herausgefunden, dass dem Schnurren noch eine andere Bedeutung zukommt. So brummen Katzenkinder beispielsweise auch, um sich selbst zu beruhigen oder ihre Selbstheilungskräfte zu aktivieren. Durch die Schwingung, die dabei entsteht, werden im Körper des Tieres Prozesse in Gang gebracht, die letztendlich zur Heilung führen. Diese Tatsache erklärt auch, warum manche Katzen im Wartezimmer des Tierarztes schnurren. Sie fühlen sich dort wahrlich nicht wohl, sondern wollen sich schlicht und einfach selbst beruhigen.
Wie angenehm das Schnurren empfunden wird, können Sie ganz einfach an sich selbst beobachten. Kommt Ihr Katzenkind auf Ihren Schoss gekrabbelt und beginnt wohlig zu schnurren, dann fühlen Sie sich selbst gleich viel besser. Vibrationen, die durch das Schnurren entstehen, übertragen sich auf Ihren eigenen Körper. Somit wird nicht nur Ihre Stimmung verbessert sondern auch Ihre Selbstheilungskräfte, über die jedes Lebewesen verfügt, aktiviert. Genießen Sie diese Momente.

Zähneklappern

Oftmals können wir ein amüsantes Phänomen bei unseren Samtpfoten beobachten. Eben noch saß der kleine Racker völlig entspannt auf der Fensterbank und schaute nach draußen. Plötzlich beginnt er jedoch, aufgeregt zu schnattern und mit den Zähnen zu klappern. Auslöser dieses Phänomens ist meist ein vorbeifliegender Vogel. Das Katzenkind würde diese Beute allzu gerne erwischen. Es weiß jedoch, dass dieses Unterfangen angesichts der Entfernung und der störenden Fensterscheibe unmöglich ist. Aus diesem Grund klappert Ihr Stubentiger mit den Zähnen.

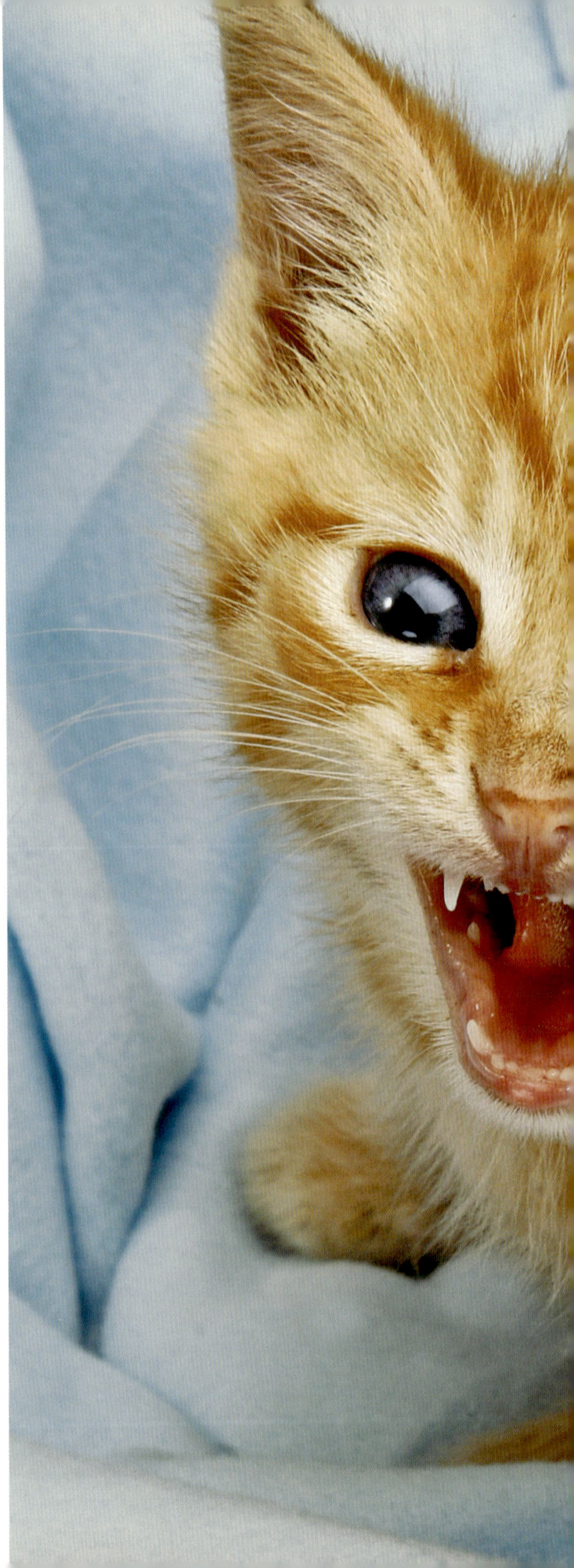

Dieser Stubentiger zeigt deutlich, dass ihm etwas nicht gefällt.

Knurren

Auch Katzen können, ähnlich wie Hunde, knurren. Dies geschieht meist aus Angst vor einem unbekannten Tier, Mensch oder Geräuschen. Das Katzenkind bringt somit zum Ausdruck, dass sich das andere Lebewesen besser nicht nähern sollte. Das Knurren eines Katzenkindes ist eine Drohgebärde und sollte unbedingt auch als solche aufgefasst werden. Das Katzenkind möchte in diesem Augenblick nicht berührt werden. Also lassen sie Ihre Samtpfote auch besser so lange in Ruhe, bis sich die Laune wieder sichtbar gebessert hat. Gerade bei Katzenkindern, die zu früh von ihrer Mutter getrennt wurden, kommt es oftmals vor, dass das Knurren automatisiert wird. Ist dies bei Ihrem Stubentiger der Fall, so kann es sein, dass er beispielsweise immer dann knurrt, wenn es an der Tür klingelt.

Fauchen und Spucken

Das Fauchen ist ebenfalls eine Drohgebärde und kommt meist dann zum Einsatz, wenn ein vorangegangenes Knurren missachtet wird. Damit bringt Ihr Katzenkind deutlich zum Ausdruck, dass es lieber in Ruhe gelassen werden möchte. Wenn das offensichtliche Signal vom Menschen jedoch immer noch nicht wahrgenommen wird, schüttelt die Katze ein weiteres „Ass aus dem Ärmel“: das Spucken. Nun wird es allerhöchste Zeit den kleinen Tiger in Ruhe zu lassen, denn ansonsten könnten Sie seine Krallen zu spüren bekommen.

Gähnen

Genau wie wir Menschen gähnen Katzenkinder, wenn sie müde sind oder gerade aufgewacht sind. Allerdings kann das Gähnen auch dazu benutzt werden, um friedliche Absichten zu demonstrieren. Starren sich zwei Katzen an, gähnt meist diejenige, die rangniedriger ist. Somit signalisiert sie ihrem Gegenüber, dass sie friedlich gestimmt ist. Wenn Ihr Katzenkind gähnt, während es Sie anschaut, bedeutet das also nicht unbedingt, dass es müde ist. Manchmal möchte Ihre Samtpfote Ihnen auch einfach nur mitteilen, dass sie nichts „Böses“ im Schilde führt.

Körpersprache

Katzenkinder nutzen nicht nur Laute, um sich mitzuteilen. Sie verfügen darüber hinaus über die Möglichkeit, sich durch ihre Körpersprache zu äußern. Dabei spielt vor allem die Stellung der Ohren und des Schwanzes eine große Rolle.

- Die Ohren sind nach hinten angelegt: „Ich will jetzt nicht!" Lassen Sie ihren Stubentiger jetzt besser in Ruhe, sonst könnte es passieren, dass Sie seinen Pfotenhieb zu spüren bekommen.
- Die Ohren stehen nach vorne, die Augen fixieren etwas: „Ich bin ganz neugierig."
- Die Ohren sind nach vorne gerichtet, die Augenlieder halb geschlossen: „Ich bin völlig entspannt."
- Der Schwanz zeigt senkrecht nach oben: „Hey, da bist du ja. Schön dich zu sehen!"
- Der Schwanz zuckt: „Ich bin gerade ziemlich gereizt. Hör jetzt besser auf mich zu streicheln, sonst könnten wir Ärger bekommen!"
- Das Katzenkind sitzt aufrecht; der Schwanz ist adrett vor den Vorderpfötchen abgelegt: „Ich bin völlig entspannt, mir geht es gut."

Eine erhobene Hand wird von der Katze meist als Bedrohung wahrgenommen.

Kuscheln

Ihr Katzenkind kuschelt nur dann mit Ihnen, wenn es ihm gerade passt. Respektieren Sie den eigenen Willen Ihres Katzenkindes und genießen es, wenn Ihr Stubentiger Sie als Kuschelplatz auserwählt. Nicht Sie „besitzen" Ihr Katzenkind, sondern Ihr Katzenkind „besitzt" Sie.

Ich will kuscheln

Katzenkinder haben ein großes Schmusebedürfnis. Allerdings wird es nur dann entfaltet, wenn der kleine Stubentiger es möchte. Vermeiden Sie daher bitte unbedingt, Ihr Katzenkind mit Kuschelattacken zu überfallen. Wenn Ihre Katze kuscheln möchte, dann kommt sie von sich aus zu Ihnen. Vielleicht springt sie Ihnen unvermittelt auf den Schoss, oder sie reibt sanft ihr Köpfchen an Ihren Beinen. Ihr Katzenkind zeigt Ihnen jedoch in jedem Fall ganz genau, was ihm gerade in den Sinn kommt. Sollten Sie hingegen ihr Katzenkind zum Kuscheln „zwingen" und wohlmöglich noch festhalten, so erreichen Sie dadurch höchstens eine Einbuße des Vertrauens zwischen Ihnen beiden.

Nehmen Sie sich aus diesem Grund möglichst immer Zeit, wenn Ihr Katzenkind mit Ihnen kuscheln möchte. Nehmen Sie diesen zärtlichen Vertrauensbeweis an.

Wenn in einem Haushalt mehrere Personen leben, so sucht sich das Katzenkind seinen Lieblingsmenschen aus. Meist vertraut der vierbeinige Hausgenosse diesem Menschen auf besondere Art und Weise. Ob Sie der Auserwählte Ihres Katzenkindes sind, merken Sie häufig daran, dass Ihr Stubentiger Ihnen auf Schritt und Tritt folgt und sich jederzeit von Ihnen anfassen lässt. Das bedeutet jedoch nicht, dass die Samtpfote sich ausschließlich nur diesem einen Menschen widmet. Die anderen Personen werden ebenfalls als Schmuse- und Spielpartner akzeptiert.

So wollen Katzenkinder wohnen

Katzenkinder haben natürliche Instinkte, dabei spielt es keine Rolle, ob sie von einer reinen Wohnungskatze oder von einer verwilderten Katze abstammen. Die angeborenen Instinkte wie Klettern, Jagen und Beobachten behält ihr Katzenkind sein Leben lang.

Info

Erfolgstipp

Stellen Sie den Kratzbaum an einen Ort, an dem Sie sich häufig aufhalten. Ihr Wohnzimmer eignet sich hierfür besonders gut.

Ich will eine katzengerechte Wohnung

Stellen Sie sich einmal vor, Sie würden den ganzen Tag ausschließlich in Ihrer Wohnung verbringen. Welche Wohnsituation würde Ihnen eher zusagen: Eine aufgeräumte, aber kahle 150 qm Wohnung, oder eine gemütliche 70 qm Wohnung? Ihre Samtpfote würde diese Frage sofort beantworten können, sofern sie sprechen könnte. Katzen fühlen sich in übersichtlichen, aufgeräumten Wohnräumen nicht sonderlich wohl. Schließlich gibt es hier für sie keinerlei Abwechslung und kaum Versteckmöglichkeiten zum Spielen oder Zurückziehen. Unsere Samtpfoten bevorzugen eine Wohnsituation, die dem natürlichen Revier einer Wildkatze weitestgehend entspricht. Folgende Dinge braucht Ihr Katzenkind:

Ich will einen Kratzbaum

Im Zoofachhandel finden Sie eine große Auswahl an Kratzbäumen. Entsprechend Ihrer Wohnsituation können Sie zwischen kleinen, mittleren und deckenhohen Kratzlandschaften wählen. Bei der Wahl des geeigneten Kratzbaums sollten Sie sich stets die Bedürfnisse Ihres Stubentigers vor Augen halten. Ihr Katzenkind nutzt dieses Objekt schließlich nicht nur zur Krallenpflege, sondern auch zum Schlafen und Spielen. Wählen Sie daher möglichst eine relativ große Kratzlandschaft mit vielen Ebenen, Höhlen und Tunneln. Wenn Sie über das handwerkliche Geschick verfügen, können Sie den Kratzbaum natürlich auch selbst herstellen. Dazu eignen sich Baumstämme, mit Sisal umwickelte Spanplatten, Holzkisten und vieles mehr. Achten Sie in diesem Fall jedoch unbedingt darauf, dass keine Verletzungsgefahr für Ihr Katzenkind besteht. Gehen Sie daher mit der Verwendung von Nägeln sparsam um!

Ich will Kartons

Platzieren Sie möglichst überall in der Wohnung Kartons. Für das menschliche Auge mag dies auf den ersten Blick störend wirken, denn durch die zahlreichen Kartons wirkt die Wohnung stets ein wenig unaufgeräumt, aber Sie werden sich schnell daran gewöhnen. Ihr Katzenkind wird diese Kartons lieben! In den Kartons kann es sich verstecken und der „Beute“ auflauern. Besonders zum gemeinsamen Spiel mit Ihnen eignen sich Kartons hervorragend. Mit Kissen und Decken ausgepolstert ergeben die Kartons darüber hinaus kostengünstige Schlafplätze. Die meisten Katzenkinder ziehen einen gepolsterten Karton jedem teuren Katzenbett vor. Das liegt daran, dass der Karton Ihrem Katzenkind Schutz bietet. Die Umrandung der handelsüblichen Katzenbetten ist nämlich meist nicht hoch genug, sodass sich Ihr Katzenkind stets beobachtet fühlt.

Aha!

Erfolgstipp

Mit Kissen oder getragenen T-Shirts ausgepolsterte Wäschekörbe eignen sich hervorragend als Schlafplatz für Ihr Katzenkind.

Dieser Stubentiger hat gerade einen neuen Karton erblickt.

Ich will Raschelpapier

Katzenkinder lieben Raschelpapier. Das mag daran liegen, dass es ein wenig an heruntergefallenes Laub in der freien Natur erinnert. Um es Ihrer Katze gemütlich zu machen, können Sie überall in der Wohnung Papier verteilen. Verpackungsmaterial und Geschenkpapier (Achtung: Keine Folie verwenden!) eigen sich hervorragend. Auch Papiertüten ohne Henkel finden Katzenkinder toll. Darin kann man sich nämlich prima verstecken. Das Raschelpapier eignet sich darüber hinaus auch zum Spielen (siehe Kapitel „Spiele für Ihr Katzenkind).

Erfolgstipp

Lange Papierbahnen in der Wohnung wirken auf den ersten Blick chaotisch, doch Katzenkinder lieben Papier!

Ich will einen Privatwald

Ihre Katze muss Pflanzenteile fressen, um die bei der Fellpflege verschluckten Haare herauswürgen zu können. Allerdings sind manche Pflanzen giftig für Katzen. Daher sollten Sie Ihrem Katzenkind nur Pflanzen zur Verfügung stellen, die unbedenklich verspeist werden können. Dazu eignet sich Katzengras hervorragend. Dieses können Sie entweder selbst ziehen oder schon fertig im Zoofachgeschäft kaufen.

Besonders schön ist es natürlich für die Samtpfote, wenn ihr ein eigener Pflanzenbereich zur Verfügung steht, in dem sie sich nach Herzenslust austoben kann. An diesen in kleinen Blumentöpfen gepflanzten Kräutern darf sie dann ungehindert rupfen, wühlen, knabbern und spielen. Für diesen „Katzengarten" eignen sich beispielsweise Zitronenmelisse, Thymian,

Aha!

Wichtig

Die meisten Wohnungskatzen trinken eindeutig zu wenig. Diese Tatsache ist wohl darin begründet, dass Wildkatzen ihren Wasserbedarf hauptsächlich durch den Verzehr ihrer Beute stillen. Wohnungskatzen haben jedoch keine Möglichkeit, lebendige Beute in Form von Mäusen, Vögeln, etc. zu fangen. Deshalb müssen Sie dafür sorgen, dass Ihre Katze stets ausreichend Wasser zur Verfügung hat.

Lavendel, Katzenminze, Salbei, Geißblatt, Petersilie, Schnittlauch, Wermut, Ringelblumen, Baldrian, Flieder, Kamille, Katzengemander und Katzenminze. Aus der Perspektive Ihres Katzenkindes wirken die Pflanzen richtig groß, sodass Ihre Samtpfote sich wie in einen eigenen Wald fühlt.

Für den Privatwald benötigen Sie nicht zwangsläufig einen Balkon oder Garten. Sie können die Pflanzen auch auf dem Wohnzimmerboden oder auf einer breiten Fensterbank positionieren. Legen Sie Ihrer Katze eine weiche Decke in den „Wald". Dort kann sie sich dann nach Herzenslust ungestört ausruhen.

Info

Teilen Sie sich mit Ihrer Katze doch ein paar Kräuter: Thymian etc. können Sie auch sehr gut in Ihrer Küche verwenden.

Ich will Wasserstellen

Um dafür zu sorgen, dass Ihre Katze genügend Flüssigkeit aufnimmt, sollten Sie möglichst in jedem Raum eine Wasserstelle einrichten. Dazu genügt eine Schale mit frischem Wasser, deren Inhalt sie täglich wechseln sollten. Positionieren Sie die Schalen so, dass Ihr Katzenkind diese oft im Blick hat, denn Samtpfoten trinken nur, wenn sie quasi darüber „stolpern".

Besonders beliebt sind fließende Nassquellen. Sie können z. B. im Badezimmer oder in der Küche den Wasserhahn aufdrehen, wenn Sie sich gerade in diesen Räumen aufhalten. Eine tolle Alternative bieten sogenannte Katzenbrunnen. Diese können Sie in Fachgeschäften erwerben. Es gibt legierte Keramikbrunnen, die sehr dekorativ sind.

Wenn Sie über einen Balkon verfügen, können Sie Ihr Katzenkind zusätzlich aus der Gießkanne trinken lassen. Halten Sie die Kanne so, dass ein dünnes Rinnsal herausfließen kann.

Ich will Ruhe- und Schlafplätze

Natürlich möchte Ihr Katzenkind sich auch hin und wieder ausruhen. Schließlich schlafen Katzen circa 18 Stunden am Tag. Die Dauer der einzelnen Schlafphasen ist bei Katzenkindern anders als bei erwachsenen Katzen. Katzenkinder schlafen manchmal schon nach einer wilden Spieleinheit für kurze Zeit ein. Erwachsene Katzen hingegen können längere Zeit wach bleiben. Sie schlafen dann jedoch mehrere Stunden bis zur nächsten Wachphase. Wie lange Ihre Katze bzw. Ihr Katzenkind am Stück schläft, hängt von den individuelle Vorlieben Ihres Stubentigers ab.
Richten Sie Ihrem Katzenkind möglichst in jedem Raum eine Ruhezone ein. Dazu eignen sich beispielsweise ausgepolsterte Kartons, Koffer, Reisetaschen, usw. Achten Sie darauf, dass sich die Schlafplätze an einem ruhigen Ort befinden. Ihr Katzenkind sollte dort ungestört sein können.

Info

Wichtig

Wissenschaftler haben herausgefunden, dass die liebenswerten Samtpfoten während ihrer einzelnen Ruhephasen ca. 30 Minuten entspannen und nur 8 Minuten in einen Tiefschlaf fallen.
In dieser kurzen Zeit verarbeitet ihr Katzenkind die täglichen Erlebnisse im Traum. Diese Tatsache fanden Wissenschaftler durch Gehirnstrommessungen heraus. Während der Tiefschlafphase sollten Sie Ihr Katzenkind auf keinen Fall stören, damit es ungestört träumen kann…

Katzenkinder benötigen viel Schlaf.

Ich will eine Katzentoilette

Da Stubentiger sehr reinlich sind, erledigen sie ihr Geschäft nicht einfach „irgendwo“, dafür gibt es schließlich die Katzentoilette.
In Zoofachgeschäften finden Sie eine große Auswahl an unterschiedlichen Toiletten. Praktisch sind Katzentoiletten, auf denen sich eine „Haube“ befindet. Diese verhindert, dass Ihr Katzenkind beim „Scharren“ die Streu vor die Toilette befördert. Allerdings sind diese Hauben für Ihr Katzenkind nicht sehr angenehm. Unter der Haube staut sich der Geruch in der Toilette und kann nicht so schnell entweichen. Deshalb wird Ihr Katzenkind es Ihnen danken, wenn Sie auf die Haube verzichten.
Wählen Sie eine möglichst große Toilette, denn Ihr Stubentiger wächst ja noch und braucht auch später ausreichend Platz. Stellen Sie die Katzentoilette an einem ruhigen Ort auf. In kleinen Wohnungen eignet sich beispielsweise das Badezimmer gut als Standort. Es ist wichtig, dass die Katzentoilette immer am gleichen Platz steht. Es würde Ihr Katzenkind sehr verwirren, wenn es zur Toilette eilt und diese plötzlich verschwunden ist.
Eine tolle Alternative zu herkömmlicher Streu bietet sogenannte „Klumpstreu“. Diese ist auf den ersten Blick etwas teurer als die herkömmliche Supermarktware, kann jedoch bis zu vier Wochen in der Toilette verbleiben und schließt unangenehme Gerüche ein. Sie müssen lediglich täglich die entstandenen Klumpen entfernen. Diese werden über den Hausmüll entsorgt. Eine andere Möglichkeit ist ein System namens „litter locker“. In diesem Entsorgungssystem können Sie die gebrauchte Katzenstreu circa zwei Wochen geruchlos lagern, bevor Sie sie über den Hausmüll entsorgen. Die restliche, unbenutzte Streu verbleibt in der Toilette. Nach zwei Wochen müssen Sie die Toilette komplett entleeren. Spülen und waschen Sie die Katzentoilette mit heißem Wasser aus. Benutzen Sie jedoch bitte keine starken Reinigungsmittel. Ihr Katzenkind hat eine empfindliche Nase und könnte durch die intensiv riechenden Reinigungsmittel von der Benutzung der Toilette abgehalten werden.

!!!

Katzen verscharren Ihre Hinterlassenschaften. Dazu graben Sie zunächst ein Loch und hocken sich hin. Anschließend scharren sie ihr „Geschäft“ zu. Dabei landet auch jede Menge Katzenstreu in der Umgebung. Sollte mal etwas daneben gehen, so schimpfen Sie nicht. Dies ist keine böse Absicht.

Aha!

Woher weiß Ihr Stubentiger, dass er seine Katzentoilette benutzen soll?

Obwohl Sie Ihrem Stubentiger schlecht erklären können, was dieser mit Streu gefüllte Kasten darstellen soll, wird Ihr Katzenkind schnell verstehen, dass dies seine eigene Toilette ist. Scharren Sie am Anfang selbst ein wenig in der Toilette. Das mag zunächst ein wenig befremdlich für Sie sein, doch damit wecken Sie das Interesse Ihres Stubentigers. Die meisten Katzenkinder sind nun so neugierig geworden, dass sie diesen fremden Kasten selbst ausprobieren wollen. Sollte Ihr Stubentiger nicht von sich aus in die Toilette klettern, können Sie ihn auch hineinsetzen.

Ich will beobachten

Katzen sind unglaublich neugierig. Sie können sich über einen langen Zeitraum am Beobachten von Menschen, Tieren und beweglichen Gegenständen erfreuen. Wundern Sie sich also nicht, wenn Ihr Katzenkind Ihnen bei der Hausarbeit auf Schritt und Tritt folgt und jeden Ihrer Arbeitsschritte überwacht. Alles, was Sie machen, ist für Ihre Katze wahnsinnig interessant. Sollten Sie tagsüber viel außer Haus sein, so können Sie Ihrer Katze dennoch Möglichkeiten zum Beobachten bieten. Legen Sie Ihr einfach auf jede Fensterbank in Ihrer Wohnung einen weichen und warmen Untergrund. Dazu eignen sich Handtücher, Kopfkissenbezüge, Decken usw. In Zoofachgeschäften gibt es auch spezielle Fensterbrettauflagen, die ohne großen Aufwand an der Fensterbank angebracht werden können. Gepolsterte Kissen sind an dieser Stelle weniger geeignet, da sie leicht wegrutschen. Von diesem kuscheligen Platz aus, kann die Katze in aller Ruhe das außerhäusliche Treiben beobachten.

Ob Sie Ihrem Katzenkind darüber hinaus erlauben, auch Regale, Schränke und andere Ablageflächen zu erkunden, müssen Sie für sich selbst entscheiden. Allerdings sind Katzen keine reinen „Bodentiere“: Zu einem ausgeglichenen Katzenleben gehören eben auch Aufenthaltsorte in der Höhe (mehr dazu erfahren Sie im Kapitel „Ich will klettern“).

Alles, was sich bewegt, wird mit großer Neugierde beobachtet.

Aha!

Erfolgstipp

Mit dem „Katzenfernseher“ bieten Sie Ihrer Katze ein wenig Abwechslung. Dabei handelt es sich um ein Aquarium mit lebendigen Fischen. Katzen können stundenlang vor oder auf dem warmen Wasserbehältnis sitzen und dem bunten Treiben zuschauen. Dabei kommt keinen Langeweile auf. Allerdings ist auch ein Aquarium mit Aufwand verbunden: Es muss gesäubert und die Fische gefüttert werden. Deshalb sollte der Mensch zunächst abwägen, ob er diese zusätzliche Verantwortung übernehmen und leisten kann.

Erfolgstipp

Katzen wollen nicht nur auf dem Boden schlafen. Ihr Stubentiger braucht auch Schlafplätze in der Höhe. Richten Sie Ihrem Katzenkind in Regalen oder offenen Schränken ebenfalls gemütliche Plätze ein.

Ich will schlafen

Stellen Sie sich einmal vor, Sie haben es sich gerade so richtig gemütlich gemacht. Sie kuscheln sich in ihr Kissen und wollen einfach nur Ruhe, Entspannung und vielleicht ein bisschen schlafen. Doch plötzlich steht jemand vor Ihnen, quatscht unvermittelt auf Sie ein und zerrt wohlmöglich noch an Ihnen herum. Würde Ihnen das gefallen? Genauso geht es Ihrem Katzenkind, wenn es sich ein ruhiges Plätzchen sucht. Lassen Sie Ihr Katzenkind deshalb in solchen Momenten am besten einfach in Ruhe. Es kommt schon von allein zu Ihnen, wenn es Ihre Nähe wünscht. In solchen Momenten sollten Sie auch laute Geräusche, wie zum Beispiel Staubsaugen, vermeiden.

Viele Katzen machen es sich gerne auf getragenen Kleidungsstücken gemütlich, denn diese duften so herrlich nach dem geliebten Menschen. Wenn Sie sich also nicht an Katzenhaaren in der Wäsche stören, können Sie auch auf den Lieblingsplätzen Ihres Stubentigers getragene Pullis, T-Shirts usw. ausbreiten.

Achten Sie darauf, dass Ihre Katze auch in Regalen und offenen Schränken einen Platz zum Schlafen findet. Sie können Ihrem Stubentiger beispielsweise eine rutschfeste Matte ins Holzregal legen. Dort kann er sich dann nach Herzenslust ausruhen.

Es gibt auch Katzen, die eine Decke über Ihrem Körper sehr zu schätzen wissen. Testen Sie es doch einfach mal an Ihrer Katze. Decken Sie ihren Stubentiger mit einer kuscheligen Decke bis zum Köpfchen zu, wenn er es sich gerade gemütlich gemacht hat.

Darf ich ins Bett?

Bevor Ihr Katzenkind bei Ihnen einzieht, sollten Sie sich überlegen, ob es Ihr Bett mitbenutzen darf. Wenn das Kätzchen es sich dort erst einmal gemütlich gemacht hat, wird es die Schlafstätte auch künftig nutzen wollen. Da Katzen Gewohnheitstiere sind, können Sie es dem Stubentiger im Nachhinein kaum verbieten.
Und wenn Sie es versuchen, wird Ihre Katze so lange an der verschlossenen Tür kratzen und notfalls auch dagegen springen, bis Sie endlich entnervt die Tür öffnen. Sollten Sie nachts keinen Kontakt mit Ihrem Katzenkind wünschen, so müssen Sie Anfangs ebenfalls nächtliche Ruhestörungen in Kauf nehmen: Da Katzen geschlossene Türen furchtbar finden, wird Ihre Samtpfote unbedingt ins Schlafzimmer wollen.
Doch nun müssen Sie standhaft bleiben. Egal, welchen Terror die Katze veranstaltet: Bleiben Sie liegen und öffnen Sie keinesfalls die Tür. Ansonsten hat Ihre Katze gewonnen und wird Sie nun jeden Abend so lange tyrannisieren, bis Sie den kleinen Racker endlich ins Schlafzimmer lassen.

Katzen lieben gemütliche Schlafplätze.

Ich will raus

Zu einem glücklichen Katzenleben gehört die Natur ebenso wie die Luft zum Atmen. Katzen lieben es, draußen herumzustreunen und den Wechsel der Jahreszeiten hautnah mitzuerleben. Allerdings lauern außerhalb der Wohnung natürlich auch allerhand Gefahren, die auf uns Menschen zurückzuführen sind. Autos, Jäger, Katzenfänger, usw. stellen potentielle Gefahrenquellen dar. Wenn Sie unmittelbar an der Hauptstraße wohnen, ist es sicherlich ratsam, dem Katzenkind keinen Auslauf zu gewähren. Viele Katzenkinder sind auch mit einem Balkon schon sehr zufrieden. Dies gilt natürlich nur dann, wenn Sie sich regelmäßig mit Ihrer Katze beschäftigen und ihr einen Ersatz für die Jagd in der freien Natur bieten (siehe Kapitel „Spiele für Ihr Katzenkind").

Für den Balkon gibt es sogenannte Katzennetze. Diese verhindern ein versehentliches Herunterfallen bzw. ein Ausbüxen.

Damit Ihr Stubentiger Spaß auf Ihrem Balkon hat, braucht er Versteckmöglichkeiten: Diese entstehen beispielsweise durch Blumenkübel, Blumenkästen, Gartentische, Stühle, Liegestühle und Holzkisten.

Um das Wohlbefinden Ihres Stubentigers zu steigern, sollten Sie Ihren Balkon katzengerecht bepflanzen. Von diesem Anblick profitieren Sie letztendlich ebenfalls. Für die Bepflanzung eigenen sich z.B. herkömmliche Wiesenblumen, Katzengras, Katzengemander, Katzenminze, Gänseblümchen, Baldrian, Zitronenmelisse, Thymian, Lavendel, Salbei, Geißblatt, Petersilie, Schnittlauch, Wermut, Ringelblumen, Baldrian, Flieder und Kamille.

Aber auch Katzen, die ohne Balkon und Auslauf auskommen müssen, sind nicht unbedingt unglücklich. Solange der kleine Stubentiger genügend Spielmöglichkeiten, Ansprache, Liebe und Zuspruch erfährt, steht einem glücklichen Katzenleben nichts im Wege.

Aha!

Erfolgstipp

Besondere Freude bereiten Sie Ihrem Katzenkind, wenn Sie ihm einen Sandkasten bepflanzen. Befüllen Sie diesen mit Gartenerde und setzen Sie Katzengras, Katzengemander und Baldrian hinein. Da Katzen wahrliche Hobbygärtner sind, besitzt Ihre Katze nun einen eigenen Bereich, in dem sie ungehindert liegen und graben kann.

Ein Kratzbaum sorgt gleichermaßen für Kletterspaß wie Krallenpflege.

Ich will meine Krallen schärfen

Die Pflege der Krallen ist ein natürlicher Instinkt der Katzen. Das Kratzen dient außerdem der Markierung, da zwischen den Zehen Duftdrüsen sitzen. Und natürlich kann sich Ihr Katzenkind so herrlich recken und strecken, wenn es an Gegenständen kratzt.

Wenn Ihnen Ihre Möbel „heilig sind“ und sie nicht in einer vollkommen zerkratzten Wohnung leben möchten, sollten Sie Ihrem Katzenkind geeignete Kratzmöglichkeiten bieten. Sie können Kratzbretter anbringen und Ihrem Katzenkind einen Kratzbaum spendieren. Erwarten Sie jedoch nicht, dass Ihre Katze sofort „begeistert darauf zu stürmt“. Alles Neue muss zunächst einmal in aller Ruhe betrachtet und geprüft werden. Woher soll der Stubentiger denn auch wissen, was es mit diesem seltsamen Gebilde auf sich hat? Zeigen Sie Ihrem kleinen Freund doch einfach, wofür der Kratzbaum gedacht ist: Spielen Sie Katze und kratzen Sie selbst daran. Katzen besitzen eine schnelle Auffassungsgabe. Deshalb wird Ihr kleiner Schmusetiger sehr schnell verstehen, was er mit dem Kratzbaum tun kann.

Wenn Sie Ihrer Katze etwas ganz Besonderes gönnen wollen und die Größe Ihrer Wohnung dies zulässt, können Sie Ihr auch einen deckenhohen Baum besorgen. Dieser eignet sich dann auch als zusätzliche Spiel- und Kletterfläche.

Aha!

Achtung

Sie können Ihrem Katzenkind auch einen selbstgebauten Kratzbaum spendieren. Befestigen Sie auf einer Bodenplatte einen Baumstamm. Achten Sie jedoch darauf, dass keine Nägel mehr zu sehen sind. Daran kann sich Ihr Stubentiger verletzen.

Ich will klettern

Katzen wollen hoch hinaus. Wofür haben Sie auch sonst Ihre wunderbaren Kletterfähigkeiten? Wenn ein Katzenkind keine Möglichkeit hat, diese Fähigkeiten auszuleben, wird es schnell unzufrieden. Deshalb sollten Sie dem kleinen Stubentiger unbedingt ausreichend Möglichkeiten zum Klettern bieten. Wie bereits erwähnt, schafft ein Kratzbaum Abhilfe. Nachdem Sie Ihrem Katzenkind beigebracht haben, dass es daran seine Krallen ungehindert wetzen darf, können Sie ihm nun zeigen, dass es dieses riesige Ungetüm auch zum Klettern benutzen kann. Nehmen Sie das momentane Lieblingsspielzeug Ihrer Katze und bewegen dieses auf dem Kratzbaum. Nach kurzer Zeit wird der kleine Tiger das Spielzeug vergnügt fangen. Dabei lernt er ganz nebenbei, welch großen Spaß der Kratzbaum bereiten kann.

Besonders glücklich machen Sie Ihre Katze, wenn Sie ihr weitere Klettermöglichkeiten zur Verfügung stellen. Eine Treppe aus Regalen in verschiedenen Räumen Ihrer Wohnung macht das Katzenparadies perfekt. Allerdings müssen Sie hier einen Kompromiss eingehen, da sich auf diesen Kletterregalen keine Gegenstände befinden sollten. Außerdem sollten Sie darauf achten, dass die Regalböden keine glatte Oberfläche besitzen. Ansonsten kann Ihre Katze nicht ungehindert dort hochspringen.

Auch Küchenablagen werden von Katzen sehr gerne inspiziert. Allerdings stellt sich hier für jeden Katzenhalter die Frage nach der Hygiene, da die herumfliegenden Katzenhaare sehr schnell ins Essen gelangen können.

Info

Richten Sie Ihrem Katzenkind ein Kletterparadies ein. Dazu eignen sich deckenhohe Kratzbäume, Regale, Küchentische und Schränke. Diese können Sie auch durch Bretter oder dicke Taue miteinander verbinden. Achten Sie jedoch darauf, dass sich der Stubentiger nicht verletzen kann.

Dieser kleine **Stubentiger will ganz hoch hinaus.**

Hm, lecker – was Katzenkinder fressen

Ich will essen

Katzen sind die reinsten Gourmets. Wenn ihnen etwas nicht schmeckt, fressen sie es auch nicht. Stattdessen verstehen es Katzenkinder nur zu gut, ihren Menschen dazu zu bewegen, sofort das Futter auszutauschen. Es gibt einige Stubentiger, die an dem Futter schnuppern und ihren Menschen so lange tyrannisieren, bis dieser endlich entnervt eine neue Dose öffnet. Natürlich kommt es auch hier wieder darauf an, ob Sie Ihren Stubentiger verwöhnen. Wenn Sie sich von Anfang an nicht darauf einlassen, das verschmähte Futter sofort gegen anderes auszutauschen, so kommt Ihr Stubentiger auch nicht auf die Idee, so lange zu maunzen bis es etwas Besseres gibt. Allerdings sollten Sie dennoch auf die Futtervorlieben Ihres Katzenkindes eingehen. Des-

Katzenkinder merken sich ihre Fütterungszeiten. Auf deren Einhaltung bestehen sie dann auch am Wochenende. Wählen Sie deshalb eine Uhrzeit, die Sie auch am Wochenende bequem einhalten können.

Wählen Sie einen ruhigen Standort für den Futternapf aus. Ihr Katzenkind soll dort ungestört fressen können. Eine Ecke in der Küche, in der Ihr Katzenkind nicht durch herumrennende Menschen gestört wird, ist ideal. Denken Sie daran, den Napf regelmäßig zu reinigen. Wählen Sie spülmaschinengeeignete Utensilien aus. Es eignen sich auch Untertellerchen aus Ihrem vorhandenen Geschirrbestand.

Eine ausgewogene Ernährung ist wichtig für eine gesunde Entwicklung.

halb können Sie am Anfang ruhig ausprobieren, was Ihr kleiner Liebling bevorzugt. Dabei sollten Sie auch darauf achten, dass es sich um „gesundes“ Futter handelt. Samtpfoten finden zwar unser Essen stets viel toller als ihr eigenes Futter, dennoch ist es absolut nicht ratsam, sie mit Essensresten zu füttern. Die darin enthaltenen Inhaltsstoffe können von der Katze nicht ordnungsgemäß verdaut bzw. verarbeitet werden. Vor allem der Zusatz von Zucker stellt eine Gefahr für Ihr Katzenkind dar. Zucker begünstigt nicht nur Karies, sondern kann auch zu Diabetes bei Ihrem Katzenkind führen. Darüber hinaus sind viele Tierärzte der Auffassung, dass Zucker die Entstehung von Tumoren begünstigt. Da Ihr Katzenkind Süßes, aufgrund fehlender Rezeptoren auf der Zunge, sowieso nicht schmecken kann, sollten Sie unbedingt darauf achten, dass im Futter kein Zucker enthalten ist. Auch Milchprodukte eignen sich nicht für Katzen. Den darin enthaltenen Milchzucker (Laktose) kann Ihr Stubentiger nicht verwerten, da ihm dazu ein Enzym fehlt. Daher bekommen viele Katzen Durchfall von Milchprodukten.

Wichtig ist in jedem Fall eine ausgewogene Ernährung, die Ihr Katzenkind mit allen Nährstoffen und Vitaminen versorgt.

Aha!

Bereits in den ersten Lebenswochen suchen sich Katzenkinder ihr Lieblingsfutter aus. Aus diesem Grund sollten Sie Ihrem Stubentiger kein Premiumfutter zum Probieren anbieten, wenn Sie generell lieber günstigeres Futter füttern möchten. Hat Ihr Katzenkind nämlich erst einmal herausgefunden, dass es verschiedene Futtermarken gibt, so wird es künftig sicher ausgerechnet nur noch nach dem teuren Futter verlangen. Wählen Sie aus diesem Grund, je nach Geldbeutel, einen Futterhersteller aus, der möglichst viele verschieden Sorten im Sortiment hat.

Trocken- oder Nassfutter?

Die Katze nur mit Trockenfutter oder nur mit Nassfutter zu füttern, wäre zu einseitig. Trockenfutter dient zwar der Zahnreinigung, enthält aber zu wenig Feuchtigkeit. Nassfutter wiederum hilft den Flüssigkeitsbedarf zu decken, unterstützt aber nicht die Zahneinigung. Daher empfiehlt es sich, beide Futterarten zu verwenden. Ausgeglichene Katzenkinder sind in der Lage, sich ihr Futter selbst einzuteilen. Denn Katzen fressen lieber mehrmals am Tag kleine Portionen. Aus diesem Grund können Sie Ihrem Stubentiger die Hälfte der Tagesportion Trockenfutter schon morgens bereitstellen. So hat Ihr Katzenkind die Möglichkeit seine Essenszeiten selbst zu bestimmen. Die andere Hälfte können Sie abends servieren, so dass Ihr Stubentiger wieder in den Genuss von frischem Trockenfutter kommt.

Achten Sie bitte beim Futterkauf auf gute Qualität. Kaufen Sie nur Futter, das über einen hohen Fleischanteil verfügt, da Ihre Katze von Natur aus ein „Fleischfresser“ ist.

Nassfutter sollten Sie zu festen Zeiten füttern. Warum? Weil Sie ansonsten mehr Futter wegschmeißen, als Ihnen lieb ist: Gibt es keine festen Fütterungszeiten, dann verlangen Katzenkinder nach Lust und Laune nach dem schmackhaften Zusatzfutter. Davon fressen sie dann ein paar Happen, wenden sich dann jedoch Ihrem Trockenfutter zu. Anschließend wird das Nassfutter nicht mehr angerührt, sondern nach Frischem verlangt. Legen Sie aus diesem Grund feste Fütterungszeiten fest, damit solch ein Problem erst gar nicht entsteht. Denken Sie bei der Festlegung auf eine bestimmte Uhrzeiten aber unbedingt daran, dass Ihre Katze sich diese Zeiten merkt und auch am Wochenende oder in Ihren Ferien auf die Einhaltung besteht. Wenn Sie also nicht unbedingt darauf aus sind, jeden Morgen um 6 Uhr geweckt zu werden, sollten Sie einen späteren Zeitpunkt wählen.

Ob Sie Nassfutter in Form von Dosenfutter oder in frischer Form wählen, entscheiden Sie am besten für sich selbst. Es gibt natürlich auch die Möglichkeit, beide Formen abzuwechseln.

Katzenkinder pflegen

Katzen sind sehr reinliche Tiere. Sie achten stets auf ein „gepflegtes Äußeres". Deshalb putzt sich Ihr Katzenkind mehrmals täglich, indem es mit seiner Zunge das komplette Fell reinigt. Dies geschieht vor allem vor und nach dem Schlafen.
Helfen Sie Ihrem Stubentiger bei der Fellpflege, indem Sie ihn mit einer speziellen Bürste kämmen. Dadurch entfernen Sie bereits einen Großteil des überschüssigen Fells und Ihr Katzenkind verschluckt nun weniger Haare. Je weniger Haare verschluckt wurden, desto weniger verschluckte und dann hinaus gewürgte Haare finden Sie in Ihrer Wohnung.

Müssen Wohnungskatzenkinder geimpft werden?

Grundsätzlich gibt es in Bezug auf das Thema „Impfung" unterschiedliche Meinungen. Ob Sie Ihr Katzenkind letztendlich impfen lassen, besprechen Sie am besten mit Ihrem Tierarzt.
Die meisten Tierärzte raten den Haltern, Ihr Katzenkind gegen Katzenseuche und Katzenschnupfen impfen zu lassen. Diese beiden Krankheiten können auch Wohnungskatzen bekommen, da die Erreger beispielsweise über Schuhe oder Kleidung in die Wohnung gelangen können. Gegen beide Krankheiten werden die Kleinen im Alter von 9 und 12 Wochen geimpft. Ein Jahr später erfolgt eine Auffrischung. Anschließend reicht es aus, die Impfung alle 3 Jahre zu wiederholen.

Aha!

Unnötige oder falsch angewendete Wurmkuren sind nicht empfehlenswert, da sie die Gesundheit Ihres Katzenkindes gefährden.

Müssen Katzenkinder entwurmt werden?

Auch Wohnungskatzenkinder können Würmer haben. Bandwürmer werden zum Beispiel durch Flöhe übertragen. Deshalb müssen die Kitten nach dem Absetzen von der Mutter entwurmt werden. Hierzu eignen sich geschmacksneutrale Tabletten, die in Wasser aufgelöst und mit dem Futter verabreicht werden.
Damit Sie Ihre Katze später gezielt entwurmen können, sollten Sie den Kot Ihrer Wohnungskatze regelmäßig auf Wurmbefall untersuchen lassen.
Diese Laboruntersuchungen kosten nur ein paar Euro und sind gut in die Gesundheit Ihres Katzenkindes investiert. Sollte sich herausstellen, dass Ihr Stubentiger von Würmern befallen ist, können Sie die Wurmkur gezielt durchführen.

Wichtig

Manche Katzenkinder mögen keine Hilfe bei der Fellpflege. Doch gerade Langhaarkatzen sind auf die Unterstützung des Menschen angewiesen. In diesem Fall brauchen Sie Geduld. Versuchen Sie immer wieder Ihr Katzenkind zu bürsten. Halten Sie Ihre Katze jedoch niemals fest. Das verängstigt den Stubentiger und kann dazu führen, dass er Ihnen nicht mehr vertraut.

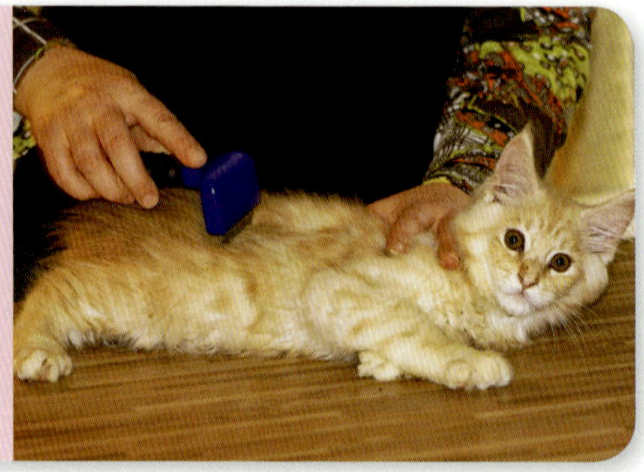

Vorsorgeuntersuchungen sind wichtig.

Ich will nicht in die Transportbox

Katzen sind kleine Raubtiere, die sich nicht gerne einsperren lassen. Erst recht nicht, wenn sie in eine unbekannte „Transportbox" sollen. So kann der erste Tierarztbesuch in regelrechte Kämpfe ausarten: Das Katzenkind ergreift die Flucht. Der Mensch wird angesichts des näher rückenden Termins nervös und beide stehen unter Stress. Entschärfen Sie die Situation, indem Sie die Transportbox schon einige Tage vor dem Tierarzttermin kaufen und aufstellen. So geben Sie Ihrer Samtpfote die Möglichkeit, dieses fremde Ding in aller Ruhe zu erkunden und letztendlich zu erobern. Idealerweise geben Sie ihr ein paar Leckerli, wenn sie die Box betritt, lassen die Tür aber weiterhin offen stehen. An dem eigentlichen Termin können Sie Ihr Katzenkind mit einem Spielzeug oder Katzensnack ohne Probleme in die Box locken. Werfen Sie das Lieblingsspielzeug oder Katzensnack hinein und verschließen Sie die Tür hinter Ihrem Stubentiger.

Meine Medizin mag ich nicht

Katzen lassen sich ungern Tabletten eingeben. Manche Ratgeber raten, das Tier zu packen und ihm die Tablette einfach in den Mund zu stecken. Doch diese Vorgehensweise löst bei Mensch und Tier unnötigen Stress aus. Zerkratze Hände und ausgespuckte Tabletten sind die Folge.

Eine Möglichkeit, den Tablettenkonflikt friedlich zu lösen, ist, dass man das Kätzchen geschickt überlistet: Sie können die Tablette in einem unbemerkten Augenblick fein zerbröseln und mit Thunfisch, Leberwurst, frischem Hackfleisch oder Frischkäse mischen.

Wichtig ist dabei nur, dass Sie ein Nahrungsmittel wählen, dass Ihr Katzenkind noch nicht kennt. Die kleinen Racker haben nämlich eine hochsensible Nase und riechen sofort, wenn etwas mit dem Futter nicht stimmt.

Aus diesem Grund sollten Sie das gewählte „Täuschungsfutter" auch ausschließlich zur Tablettenverabreichung benutzen, sonst fliegt Ihr Versuch sehr schnell auf und die Aufnahme der Tablette wird verweigert.

Info

Ein Katzenkind möchte keine Medizin nehmen.

Wenn Sie Ihrer Samtpfote eine Tablette verabreichen müssen, können Sie einen Trick anwenden: Zerbröseln Sie die Tablette und mischen Sie diese mit Thunfisch, Leberwurst, Hackfleisch oder Frischkäse. Diese Lebensmittel sollten Sie Ihrer Katze jedoch nur anbieten, wenn sie eine Tablette nehmen muss, denn Katzen haben einen ausgeprägten Geruchssinn. Sie bemerken sofort, wenn das Futter manipuliert ist.

Aha!

Erfolgstipp

Da Katzen unglaublich intelligent sind, kann es sein, dass Ihr Stubentiger ihre Tricks, ihn in die Transportbox zu locken, nach einiger Zeit durchschaut. Doch auch für diesen Fall gibt es eine Lösung: Werfen Sie ein großes Tuch über Ihre Katze. Die vollkommene Dunkelheit unter dem Tuch beruhigt Ihren Stubentiger. Sie können ihn nun langsam hoch nehmen und mit dem Tuch in die Box setzen.

Gesundheit geht vor – auch wenn die Medizin nicht schmeckt.

Bleib bei mir

Auch Katzenkinder können einmal krank werden. Die meisten Katzen wissen es zu schätzen, wenn man sich in dieser Zeit besonders um sie kümmert. Wenn wir uns an unsere Kindheit erinnern, fällt uns auf, dass auch wir in Krankheitsfällen gerne umsorgt wurden. Nehmen Sie sich deshalb ausreichend Zeit, wenn Ihr Katzenkind krank ist. Umsorgen Sie es liebevoll, in dem Sie sich zu ihm setzen und mit ihm schmusen. Sie können Ihrer Samtpfote Trost spenden, indem Sie in beruhigendem Tonfall mit ihr sprechen. Reichen Sie Ihrer Katze Futter und Wasser.

Vor allem sollten Sie beachten, dass Ihr Stubentiger in Krankheitsfällen besonders viel Ruhe benötigt. Vermeiden Sie daher jeglichen Lärm. Auch die gemeinsamen Spielstunden werden während dieser Zeit eher spärlich, bis gar nicht stattfinden. Ihr Katzenkind hört auf seinen Körper und weiß, dass Herumtoben schädlich für die Genesung ist.

Sind Sie schon einmal operiert worden? Wollten Sie danach alleine sein, oder fanden Sie es schön, dass jemand an Ihrem Bett saß, als Sie aus der Narkose aufwachten? Stellen Sie die Transportbox nach Ihrer Ankunft zu Hause auf eine warme Unterlage (Wolldecke, etc.) und öffnen Sie das Gitter. Wählen Sie einen ruhigen und warmen Ort. Nach einer Narkose kann der kleinen Katze zunächst kalt sein. Setzen Sie sich zu Ihrer Samtpfote. Auch wenn der kleine Tiger noch völlig benommen ist, spürt er Ihre Anwesenheit.

Normalerweise bekommen Sie Ihre Katze in wachem Zustand vom Tierarzt zurück. Sollte sie aber noch schlafend mit nach Hause gefahren sein, wird sie erst nach einigen Stunden etwas benommen und schwerfällig aus der Transportbox torkeln. Es kann auch sein, dass Ihr Katzenkind den Weg zur Toilette nicht findet. Dies ist jedoch völlig normal. Wenn ihre Katze Fieber hat, schlapp ist und nicht fressen mag, gehen Sie zum Tierarzt.

Erziehungsbasics

Katzenkinder lassen sich nicht gerne „sagen", was sie tun und lassen sollen. Stattdessen wissen sie ganz genau, wie man Menschen „erzieht": Wenn Ihr Katzenkind Sie zu einer bestimmten Handlung, wie beispielsweise einer Spielpartie, auffordern will, dann neigt es meist sein Köpfchen zur Seite und schaut Sie mit großen Augen an. Sollten Sie nicht darauf reagieren, so weiß Ihre Samtpfote sich zu helfen. Sie besitzt nämlich eine weitere „Geheimwaffe": Das Miauen. Katzenkinder können so herzzerreißend miauen, dass Ihr Nachbar denkt, Sie würden Ihre Katze vernachlässigen.

Achten Sie darauf, dass Sie die einmal gewählten Spielzeiten konsequent einhalten. Ihr Katzenkind verfügt über eine innere Uhr. Es weiß ganz genau, wann es Zeit für die nächste Spielpartie ist.

Gerade am Anfang testet Ihr Stubentiger die unterschiedlichsten Miau-Nuancen aus. Dies macht Ihre Samtpfote so lange, bis Sie endlich reagieren. Doch Vorsicht, sobald Ihr Katzenkind weiß, womit es seinen Willen durchsetzen kann, wird es Sie auf diese Art und Weise künftig immer „herumkommandieren". Wenn Sie sich nicht zum „Sklaven" Ihrer Katze machen wollen, dürfen Sie diesen Aufforderungen nicht nachkommen. Warten Sie eine Weile ab und spielen Sie mit Ihrem Katzenkind, wenn es sich wieder beruhigt hat.

Auch Ihr Katzenkind schätzt Dekorationen. Allerdings aus anderen Gründen ...

Ich darf nicht alles

Gerade beim gemeinsamen Spiel testen Katzenkinder sehr gerne, wie weit sie gehen dürfen. Nicht selten passiert es, dass die Samtpfote Ihren Menschen mit der Pfote attackiert. Dies macht Ihr Stubentiger nicht, um Ihnen weh zu tun, sondern, weil er Ihre Hände, Füße und Beine im Spiel gerne mal als Beute ansieht. Doch Vorsicht! Anfangs mag es noch ganz putzig sein, wenn das Katzenkind mit Ihren Füßen spielt. Allerdings wird Ihre Katze auch größer und damit wesentlich stärker. Krallenhiebe von erwachsenen Katzen wirken wie Skalpelle, die sich in die Haut schlagen. Deshalb müssen Sie diese Art von Spiel von Anfang an verbieten. Erheben Sie Ihren Zeigefinger und sagen Sie laut und deutlich „Nein". Sollte Ihre Samtpfote diese Warnung nicht ernst nehmen, müssen Sie die zweite Warnstufe wählen, in einer für Katzen besser verständlichen Art. Manche Katzen reagieren darauf, wenn Ihr Mensch sie anknurrt. Probieren Sie es einfach einmal aus. Knurren Sie Ihre Katze an, sobald sie eine unerwünschte Handlung ausführt. Das Knurren mag vielleicht ein wenig befremdlich auf Sie wirken, aber denken Sie daran, dass Stubentiger unsere Sprache nur bedingt verstehen. Sie können Ihrer Katze noch so oft erklären, dass sie eine Handlung unterlassen soll. Vielleicht schaut Ihre Samtpfote Sie währenddessen auch aufmerksam an, allerdings hat sie keine Ahnung, was genau Sie da von ihr verlangen.

Wenn Ihre Katzen weder auf den erhobenen Zeigefinger, noch auf das Knurren reagiert, sollten Sie „Fauchen". Auch ein kurzes Anpusten ins Gesicht zeigt normalerweise Wirkung. Als allerletzte Konsequenz bietet es sich an, das Spiel zu beenden.

Info

Schimpfen

Schimpfen Sie nicht aus heiterem Himmel mit Ihrer Katze. Die Samtpfoten haben eine kurze Aufmerksamkeitsspanne. „Erziehungsmaßnahmen" fruchten nur, wenn sie unmittelbar auf die unerwünschte Handlung der Katze erfolgen. Bereits ein paar Sekunden nach der Missetat, weiß Ihr Stubentiger schon nicht mehr, was er eben getan hat. Deshalb ist Ihr Katzenkind verwirrt, wenn sie Minuten später plötzlich schimpfen.

Buddeln verboten

Zunächst einmal können Sie „Nein“ sagen, wenn der kleine Tiger sich als Hobbygärtner an ihrer Lieblingsblume zu schaffen macht. Erwarten Sie jedoch bitte nicht, dass ihre Katze von nun an einen weiten Bogen um die Pflanze macht. Ein bisschen Geduld müssen Sie schon aufbringen und immer wieder deutlich und entschieden „Nein“ sagen, dann wird ihr Katzenkind allmählich verstehen, dass Sie es nicht schätzen, wenn es ihre Blumen umgräbt.
Versuchen Sie jedoch bitte nicht, ihr Katzenkind durch leichte Schläge mit der Zeitung oder durch eine Spritzpistole zu erziehen. Das Einzige, was Sie dadurch erreichen ist, dass ihre Katze das Vertrauen zu Ihnen verliert. Das wollen Sie jedoch wahrscheinlich gerade nicht. Mit ein bisschen Geduld und Konsequenz werden Sie und Ihre Katze sich jedoch arrangieren.

Aha!

Erfolgstipp

Katzengras können Sie entweder selbst züchten oder schon fertig im Zoofachgeschäft kaufen.

Erziehung durch positive Verstärkung

Verhaltensforscher haben herausgefunden, dass die positive Verstärkung eine wirkungsvolle Methode in der Katzenerziehung darstellt. Gerade am Anfang Ihrer gemeinsamen Beziehung muss die Katze zunächst einmal Vertrauen zu Ihnen aufbauen. Wenn Sie mit ihr schimpfen, kann es leicht passieren, dass sie Ihren Ärger nicht mit ihrer Handlung in Verbindung bringt. Sie wundert sich vielmehr darüber, dass Sie eben noch mit ihr schmusten und nun plötzlich schimpfen. Leichter wird es für das Katzenkind, wenn Sie es loben, sobald es eine unerwünschte Handlung sein lässt.
Bleiben wir zunächst einmal bei dem Beispiel mit den Zimmerpflanzen. Diese üben eine außerordentliche Faszination auf unsere pelzigen Freunde aus. An Pflanzen kann man schnüffeln, knabbern und mit ihnen spielen. Dabei achten Katzen natürlich nicht immer darauf, ob die Pflanze giftig oder unschädlich ist. Wenn sie Ihrem Katzenkind also beibringen wollen, die Zimmerpflanzen doch bitte in Ruhe zu lassen, sollten Sie die Sache zunächst mit großer Geduld angehen. Da Katzenkinder jedoch Pflanzen benötigen, um die bei der Fellpflege verschluckten Haare herauswürgen zu können, sollten Sie Ersatzpflanzen anbieten. Dazu eignet sich Katzengras hervorragend. Sobald Ihr Katzenkind an dem Katzengras knabbert, können Sie ihm eine Belohnung in Form eines besonders tollen Katzensnacks anbieten und es natürlich überschwänglich loben.

> Sie können Ihr Katzenkind auch mit Hilfe eines „Clickers“ trainieren. Literaturtipps finden Sie im Anhang. !!!

Mit viel Lob und „kleinen Bestechungen“ können Sie Ihr Katzenkind dazu bringen, die unerwünschten Handlungen künftig sein zu lassen. Bedenken Sie dabei bitte immer, dass auch heranwachsende Katzen „Kinder“ sind und genau wie menschliche Heranwachsende Lebenserfahrungen sammeln und ihre Grenzen austesten.
Wenn eine Katze ein für den Menschen merkwürdiges Verhalten an den Tag legt, sollte jeder Katzenbesitzer

Info

Wichtig

Wenn Ihre Katze aus heiterem Himmel an Tapeten und Möbel kratzt, hat sie entweder nicht genügend Kratzmöglichkeiten oder es fehlt ihr an Beschäftigung.

die Ursache für plötzlich auftretende Probleme zuerst bei sich selbst bzw. den äußeren Umständen suchen. Denn Katzen verhalten sich immer gemäß ihrer Natur. Katzen müssen ihre Krallen schärfen, fressen, jagen und ein sauberes Katzenklo besuchen können. Wenn Ihr Katzenkind also plötzlich die Toilette nicht mehr benutzt, kann es daran liegen, dass sie ihm nicht mehr sauber genug ist. Die Samtpfoten haben nämlich einen wesentlich ausgeprägteren Geruchssinn als wir Menschen. Den Stubentigern reicht es einfach nicht, wenn die Katzentoilette nur einmal pro Woche gereinigt wird.

Spiele für Ihr Katzenkind

Katzenkinder lieben Spiele. Zum einen bieten Spiele Ablenkung vom Alltag und zum anderen trainieren die kleinen Racker dadurch ihr angeborenes Jagdverhalten und die entsprechenden Bewegungsabläufe. Außerdem stärkt das tägliche Spiel Knochen, Sehnen und Muskeln.

Katzenkinder, die nicht spielen dürfen, verkümmern seelisch und auch körperlich. Der ureigene Spielantrieb lässt nach. Diese Tatsache führt letztendlich zum Verlust der Jagdfähigkeit. Stellen Sie sich einmal vor, sie hätten den ganzen Tag nichts zu tun. Nun gut, im ersten Moment erscheint dieser Gedanke durchaus verlockend. Doch wenn wir uns in die Situation hineinversetzen, wird uns schnell klar: Das wäre langweilig. Denken Sie sich etwas aus!

Es ist einfach erfrischend komisch, welch Kapriolen ein Katzenkind veranstalten kann, um ein Spielzeug zu fangen. Da wird sich an die Beute angeschlichen, sie wird belauert, danach geangelt, und schließlich angegriffen. So manches Mal kann man beobachten, wie eine Katze plötzlich nach längerem Spiel über die Beute springt. Hierbei handelt es sich um das sogenannte Stauungsspiel: Es kommt immer dann zum Vorschein, wenn eine Katze spiel- und bewegungstechnisch unterfordert ist und nicht so recht weiß, wohin mit der inneren Spannung.

Aha!

Erfolgstipp

Planen Sie täglich mindestens 2–3 Stunden für das gemeinsame Spiel ein. Sie müssen nicht 2–3 Stunden am Stück spielen, sondern sollten diese Zeitspanne auf mehrere kleine Einheiten verteilen. Eine Spieleinheit sollte zwischen 15 und 30 Minuten betragen.

Ich will spielen

Wenn es Ihre Zeit erlaubt, sollten Sie täglich zwischen 2 und 3 Stunden Zeit in Spieleinheiten investieren. Das hört sich im ersten Moment vielleicht sehr intensiv an, aber durch mehrere kleine Spieleinheiten zwischen 15 und 30 Minuten ist das tägliche Pensum durchaus zu schaffen. Das Ende einer Spieleinheit sollten Sie Ihrem Katzenkind durch ein Ritual verdeutlichen, um Frustrationen zu vermeiden. So können Sie Ihrer Samtpfote beispielsweise einen Snack zukommen lassen, damit sie weiß, dass die Spielzeit nun zu Ende ist. Beenden Sie hingegen die Spielzeit abrupt, führt dies zu ungewollten Irritationen und letztendlich zur Stauung des Spieltriebes. Die Situation ist vergleichbar mit Erfahrungen, die wir in unserer eigenen Kindheit gemacht haben. Schließlich fanden wir es auch nicht sonderlich lustig, wenn unser Spielpartner sich plötzlich umdrehte und wegging.

Ich brauche Abwechslung

Nicht immer wissen wir, was wir noch aus dem Ärmel schütteln könnten, um unser Katzenkind glücklich zu machen. Denn wie auch Menschenkinder, verlieren Katzen schnell die Lust an bestimmten Spielen. Gestern noch war das kleine Wesen ganz verrückt auf Bällchen und heute schaut es uns nur argwöhnisch an, so als wolle es sagen: „Hey Mensch, das ist doch langweilig. Hast du keine anderen Ideen?" Genau an dieser Stelle verzweifeln viele Katzenhalter und legen das Spielzeug entnervt weg. Dabei möchte die Katze vielleicht doch gerne spielen, aber eben nicht mit dem Spielzeug, das der Mensch ausgewählt hat. Bei jeder Spielzeit sollte man bedenken, dass Katzen eine relativ geringe Aufmerksamkeitsspanne haben. Bereits nach 5 bis 10 Minuten kann deshalb ein Spiel langweilig werden. Vor allem junge Katzenkinder lassen sich noch sehr leicht durch Geräusche und Bewegungen vom eigentlichen Spiel ablenken. So sind Katzenkinder. Nehmen Sie es gelassen!

Ein weiteres Problem während der Spieleinheit stellt die Tatsache dar, dass häufig gewählte Spielsachen und Spielabläufe das Katzenkind nicht mehr „vom Hocker reißen". Nach einiger Zeit sind Katzen sogar dazu in der Lage bei Fangspielen jeglicher Art Abkürzungen zu wählen. So weiß Ihre Samtpfote ganz genau, welche Route Sie mit der Katzenangel ablaufen. Ihr Stubentiger wird Ihnen nicht mehr hinterher laufen. Stattdessen lässt er Sie in aller Ruhe quer durch die ganze Wohnung schreiten, während er in einer Ecke wartet, an der Sie mit Gewissheit vorbei kommen. Somit sind Katzen schneller am Ziel, sehr zum Erstaunen ihrer Besitzer, die sich oftmals doch sehr über die „hellseherischen Fähigkeiten" ihres Stubentigers wundern. Dabei hatte die schlaue Jägerin doch schon bei Spielbeginn gewusst, wohin ihr Mensch das Beuteobjekt bewegen würde.

Deshalb sollten Sie Spielabläufe unbedingt so abwechslungsreich und kreativ wie möglich gestalten. Sobald Sie merken, dass ein bestimmtes Objekt nur noch gähnen bei Ihrem Minitiger hervorruft, sollten Sie es weglegen und einige Wochen lang nicht benutzen. Somit wird es für Ihre Katze wieder interessant.

Desweiteren sollten Sie versuchen, das Spiel möglichst echt wirken zu lassen. Ihr Katzenkind muss das Gefühl haben, lebendige Beute zu fangen. Dabei geht es nicht darum, lebende Tiere als Köder zu verwenden, sondern die Spielsachen naturgetreu zu bewegen. Eine echte Maus schwankt nicht hin und her. Sie läuft ein Stück, bleibt stehen, zuckt ein wenig, läuft weiter und verschwindet unter einem Blatt oder hinter einem Gegenstand.

!!!

Spielen Sie immer in Augenhöhe mit Ihrem Katzenkind, indem Sie sich hinknien. Wenn Sie im Stehen spielen, verschrecken Sie Ihr Katzenkind womöglich.

So jagen Katzen

Wer bereits das Vergnügen hatte, einer Katze bei der Fliegenjagd zuschauen zu dürfen, der weiß, dass die Stubentiger Ihre Beute nicht einfach bloß fangen. Im Gegenteil! Katzen beobachten Ihre Beute gerne ausgiebig bevor sie sich langsam anschleichen. Dabei nutzen die kleinen Raubtiere unterschiedliche Versteckmöglichkeiten, die ihnen ein langsames Heranpirschen ermöglichen. Sobald Sie nah genug an der Beute angelangt sind, springen sie darauf zu. Mit einem gekonnten Pfotenhieb wird die Beute nun gefangen und wenige Sekunden später wieder frei gelassen. Katzen spielen nämlich für Ihr Leben gerne mit ihrem Fang, bevor sie den Tötungsbiss ansetztten. Je nachdem wie groß die Beute ist, wird diese zusätzlich mit den Hinterbeinen attackiert.

Erfolgstipp

Katzendamen haben ein anderes Jagdverhalten als Kater. Katzen können Stundenlang vor einem Mauseloch ausharren und auf ihre Beute warten. Kater hingegen bevorzugen Zufallsbeute. Wenn sie auf Ihrem Spaziergang ein potentielles Opfer sehen, ist es prima. Wenn keine Beute in der Nähe ist, dann streifen sie einfach weiter durch die Gegend.

Solche Spiele mag ich

Um die Jagd für Ihr Katzenkind so natürlich wie möglich zu gestalten, müssen Sie die Spielsachen möglichst natürlich bewegen. Bauen Sie in der Wohnung Hindernisse in Form von Kartons oder Wäschekörben auf. Diese benötigt Ihr Stubentiger, um sich an die Beute heranpirschen zu können. Wenn Sie eine Spielangel als Beuteobjekt verwenden, müssen Sie diese langsam über den Boden und über Schränke, Sofa, etc. ziehen. Lassen Sie das Objekt ein wenig zucken, so als ob die Beute im Laub oder Gras herumwühlt. Bewegen Sie nun das Objekt ein wenig schneller und lassen Sie es zum Schluss hinter einem Gegenstand oder dem Türrahmen im „Mauseloch" verschwinden.

Auf die Dauer wird der Einsatz der oben genannten Spielangeln für Ihr Katzenkind jedoch furchtbar langweilig. Nehmen Sie eine Spielmaus, eine ungekochte Spaghetti, einen Kabelbinder, einen Eisstil, eine Nuss, eine getrocknete Erbse, oder was Ihnen gerade sonst so in die Hände fällt. Postieren Sie sich hinter einem Hindernis (Wäschekorb, Karton) oder hinter dem Türrahmen. Bewegen Sie das Beuteobjekt nun auf dem Boden, indem Sie es schnell vor und zurückziehen. Achten Sie darauf, dass dabei ein Geräusch entsteht. Dadurch wecken Sie das Interesse Ihres Katzenkindes. Dies erkennen Sie daran, dass es sich entweder auf den Boden presst, oder sich ebenfalls hinter einem Hindernis versteckt. Meist verengen sich die Augen dabei zusätzlich zu schmalen Schlitzen, die das Jagdfieber signalisieren. Sobald Ihre Katze zum Sprung ansetzt, müssen Sie das Objekt schnellstmöglich wegschleudern. Gerade am Anfang kann es sein, dass Ihr Katzenkind einige Anläufe braucht, bis es mit dieser Art des Spielens warm geworden ist. Lassen Sie Ihrem kleinen Jäger die Zeit, die er benötigt.

Katzen beobachten ihre Beute, bevor sie „zuschlagen".

Spielzeit beendet

Viele junge Katzen neigen dazu, die eigenen Kräfte zu überschätzen. Achten Sie darauf, Ihr Katzenkind nicht zu überfordern. Legen Sie nach einer halben Stunde eine kleine Spielpause ein.
Falls Ihr Katzenkind noch nicht müde ist, können Sie nach 5–10 Minuten eine weitere Spielrunde durchführen. Erwachsene Katzen zeigen ganz deutlich, wie lange sie Lust zum Spielen haben: Sie gehen einfach weg und wenden Ihnen vielleicht sogar den Rücken zu. Katzen sind ehrlich und zeigen eben sehr deutlich, wenn sie etwas nicht wollen.

Info

Erfolgstipp

Beobachten Sie die Vorlieben Ihres Katzenkindes. Findet Ihr Stubentiger einen Gegenstand interessant, so beginnt er damit zu spielen. Viele Katzen erkunden herumliegende Gegenstände in Ihrem Revier.

Das Anschleichspiel

Samtpfoten schleichen sich gerne an ihre Beute heran. Schleicht sich Ihre Katze manchmal auch an Sie heran? Machen Sie ein Spiel daraus: Lassen Sie sich suchen! Probieren sie es aus. Nehmen Sie zuerst Sichtkontakt mit ihrem Liebling auf. Anschließend verstecken Sie sich hinter dem Türrahmen, der Couch oder Ähnlichem und schauen zwischendurch kurz aus ihrem Versteck hervor. Dann können Sie beobachten, wie ihr Katzenkind sich auf leisen Sohlen immer näher heranpirscht, bis es schließlich mit einem schnellen Satz bei Ihnen angelangt ist.

Das Türrahmenspiel

Setzen Sie sich vor eine geöffnete Zimmertür. Halten Sie die Tür fest, damit sich Ihr Stubentiger beim folgenden Spiel nicht die Pfote einklemmt. Legen Sie eine Kastanie oder einen kleinen Ball in den Spalt zwischen Tür und Türrahmen. Schießen Sie die Beute (Kastanie oder Ball) durch den Türspalt. Mit ein bisschen Übung wird Ihre Katze schnell verstehen, was Sie von Ihr wollen. Dann wird sie sich hinter der Tür in Position begeben und versuchen den Gegenstand zu fangen oder zu Ihnen zurück zu schießen. Ihre Aufgabe ist es nun, den Gegenstand immer wieder durch den Türspalt zu schießen.

Aha!

Für das Türrahmenspiel können Sie auch anstatt Kastanien oder Bällen beispielsweise Nudeln oder getrocknete Hülsenfrüchte (Erbsen, Bohnen, etc.) verwenden.

Das Federspiel

In Fachgeschäften werden Stäbe angeboten, an denen ein Federbüschel angebracht ist. Am Anfang finden Katzen es noch ganz super, wenn man mit diesem Spielgerät vor ihrer Nase herumfuchtelt. Ausgelassen versuchen die kleinen Racker die Federn zu fangen. Doch nach einiger Zeit kann man sie mit diesem Spiel nicht mehr aus der Reserve locken. Was nun? Bevor Sie den Federstab deshalb aus dem Spielzeugbestand aussortieren, probieren Sie folgende Spielversionen aus. Besorgen Sie eine lange Bahn Packpapier. Breiten Sie diese auf dem Fußboden aus. Sie sollten jedoch darauf achten, dass keine Gefahrenquellen in der Nähe sind, denn bei diesem Spiel wird Ihr Katzenkind über den Boden rutschen. Dabei kann es zu Verletzungen kommen, wenn spitze Gegenstände in der Nähe sind. Deshalb empfiehlt es sich, diese vorher wegzuräumen.

Nun kann es losgehen. Halten Sie den Federstab unter das Packpapier, sodass die Federn auf einer Seite der Papierbahn herausschauen. Bewegen Sie den Stab nun ganz vorsichtig und halten zwischendurch immer wieder kurz an. Ihr Katzenkind wird sich ganz langsam heranschleichen und dann mit einem geübten Satz auf das Objekt der Begierde springen. Dabei rutscht das Papier selbstverständlich mit, aber genau das scheint den Reiz der Sache auszumachen. Abwechslung bietet auch eine Decke oder ein Teppich anstatt des Packpapiers. Diese können Sie ebenfalls auf dem Boden ausbreiten und den Federstab langsam darunter durchziehen.

Selbstverständlich können Sie den Federstab auch auf andere Art und Weise einsetzen. Wichtig ist allerdings immer, dass Sie das Spielgerät möglichst „natürlich" bewegen, sodass Ihre Katze das Gefühl hat, echte Beute zu jagen. Wie das geht? Ganz einfach! Sie müssen den Federstab ein wenig hin und her drehen, sodass die Federn ins Schwingen geraten. Somit wecken Sie das Interesse Ihrer Samtpfote, die sich, erfüllt vom Jagdfieber, auf die Beute wirft. Variieren Sie dabei immer wieder die Schauplätze und achten Sie darauf, dass ihr Schmusetiger nicht jedes Mal die Beute erwischt, sonst verliert ihr Tier schnell die Lust an diesem Spiel. Als Spielplatz eignet sich jegliche Fläche Ihrer Wohnung, zum Beispiel Türrahmen, Kratzbaum, Regal, Stühle, Badewanne, Teppiche usw.

Info

Anstatt des Packpapiers können Sie auch einen Teppich oder ein großes Handtuch verwenden. Lassen Sie darunter Stöckchen, Federstab oder Nudeln verschwinden. Es bereitet Ihrem Katzenkind große Freude die Spielobjekte wieder hervor zu holen. Sie können die „Beute" entweder unter den Teppich werfen, oder sie darunter hin und her ziehen. Achten Sie dabei jedoch darauf, dass noch etwas von der Beute zu sehen ist.

Erfolgstipp

Einen ganz besonderen Reiz stellen Pfauenfedern da. Diese besonders langen Federn können Sie günstig im Zoo oder Tierpark erwerben. Sie sollten sich einen kleinen Vorrat anlegen, da die Federn nach längerer Benutzung abknicken.

Faszinierend, wie geräuschlos sich Samtpfoten anschleichen können.

Das Torwartspiel

Bälle haben eine faszinierende Anziehungskraft auf unsere pelzigen Freunde. Man kann sie in der Luft fangen und hinter ihnen herlaufen. Doch jede Katze hat einen bestimmten Favoritenball. Ob Sie kleine Softbälle, Flummis, Tischtennisbälle oder spezielle Katzenbälle für dieses Spiel verwenden, hängt letzten Endes von den Vorlieben ihres Katzenkinds ab. Also, einfach ausprobieren!

Werfen Sie zuerst einen Ball von Ihrer Katze weg, um zu sehen, wie sie auf das neue Spielgerät reagiert. Hat ihr Katzenkind den Ball als Spielzeug akzeptiert, können Sie Ihr den Ball zuwerfen. Manchen Katzen zeigen dabei sehr großes Geschick und fangen den Ball sogar in der Luft. Natürlich erfordert diese Taktik ein entsprechendes Training. Doch wenn es Ihnen beiden Spaß bereitet, vergessen Mensch und Tier die Zeit beim Spiel. Statt eines Spielballs können Sie auch einen Futterball benutzen. Dabei handelt es sich um spezielle Bälle aus dem Zoofachgeschäft, die mit Trockenfutter befüllt werden können. Sobald der Ball sich in Bewegung setzt, fallen kleine Futterstückchen heraus. Somit macht die Jagd natürlich noch viel mehr Spaß.

Erfolgstipp

Auch Spielmäuse eignen sich für das Torwartspiel.

Das Wollknäuelspiel

Da sich Katzen schnell in Schnüren und Ähnlichem verfangen und es dabei zu Verletzungen kommen kann, ist davon abzuraten, ein ganzes Knäuel Wolle zum Spielen zu verwenden. Allerdings lieben Katzen Wolle, und es gibt einen einfachen Weg, um die Gefahrenquelle von vornherein einzudämmen. Schneiden Sie einfach einen sehr langen Faden von dem Wollknäuel ab. Wickeln Sie diesen nun zu einem neuen Knäuel zusammen, sodass ein Faden übrig bleibt. An diesem hängt nun ein Miniknäuel. Wenn Sie dieses an dem Faden hinter sich herziehen, wecken Sie den Jagdinstinkt ihres Stubentigers. Zur Selbstbeschäftigung können Sie diese Wollkonstruktionen auch an Türklinken oder Ähnlichem befestigen. Achten Sie jedoch darauf, dass der Faden nicht zu lang ist und sich das Katzenkind nicht daran strangulieren kann.

Erfolgstipp

Anstatt Wolle können Sie auch Lederbänder oder andere Materialien verwenden.

Das Wasserspiel

Manche Katzenkinder finden Wasser faszinierend. An heißen Sommertagen können Sie Ihrer Katze auch einen Eiswürfel zum Spielen anbieten.

Manche Katzenkinder sind richtige Wasserratten. Sie können sich über einen längeren Zeitraum daran erfreuen, Wassertropfen aus dem Wasserhahn zu fangen. Dabei sitzen die Samtpfoten hochkonzentriert im Waschbecken, um ja keinen Wassertropfen zu übersehen. Sollte sich Ihr Waschbecken in unmittelbarer Nähe der Toilette befinden, sollten Sie den Deckel schließen, bevor Sie Ihrer Katze den Wasserhahn aufdrehen. Wem die Sauerei, die durch herumgeschleuderte Wassertropfen entstehen kann, zu viel Arbeit ist, sollte die Wasserspiele in der Badewanne eröffnen. Achten Sie jedoch darauf, dass das Wasser eine angenehme Temperatur hat. Sollte Ihre Katze ebenfalls mit Entzücken dem Wasserfangen verfallen, können Sie auch folgendes ausprobieren. Lassen Sie ein wenig (!) Wasser in die Bade- oder Duschwanne ein und stellen Sie einen kleinen Hocker auf. Sie können auch eine Brücke bauen, indem Sie ein Brett quer über den „See" legen. Vom Hocker bzw. Brett aus, kann Ihre Katze nun nach vorbei treibender Beute in Form von Bällen, Federn oder kleinen Papierbooten, auf denen ein Katzensnack thront, angeln.

Das Spaghettispiel

Besonders dann, wenn der Mensch gerade das Essen zubereitet, fordern viele Katzen ihre Besitzer zum Spielen auf. Je nachdem, was man gerade kocht, gestaltet es sich ziemlich schwierig dem Wunsch des Stubentigers nachzukommen. Was also tun? Alles anbrennen lassen oder das Katzenkind ignorieren? Wenn Sie sich weder für die eine noch die andere Variante entscheiden möchten, können Sie auch folgende Idee ausprobieren. Werfen Sie Ihrer Katze einfach mal eine einzelne, ungekochte Spaghetti zu. Das ist eine völlig neue Herausforderung für Ihr Kätzchen, denn die dünnen Nudeln sind nicht einfach zu packen.

Um das Spaghettispiel gemeinsam mit der Katze zu spielen, bietet es sich an, die Nudel über den Boden schlittern zu lassen. Besonderer Spaß ergibt sich, wenn Ihr Katzenkind schnell genug sein muss, damit die Nudel nicht unter einem Schrank verschwindet. Allerdings sind Sie dafür verantwortlich die Nudel immer wieder neu zu werfen bzw. schlittern zu lassen, denn die wenigsten Katzen apportieren gerne Spielsachen.

Ungekochte Spaghetti üben auf viele Katzenkinder eine große Anziehung aus. Sie können die Nudel auch unter dem Teppich oder einem Handtuch zucken lassen und zwischendurch immer ein Stück herausschauen lassen.

Wer die Wahl hat, hat die Qual ...

Das Angelspiel

In Fachgeschäften gibt es ein riesiges Sortiment an Spielangeln. Am besten eignen sich jedoch solche, an denen ein Mäuschen in Lebensgröße durch ein Gummiband fixiert ist. Diese Angelvariation gibt es auch mit Raschelfüllung oder Glöckchen. Bei der Auswahl einer Spielangel sollten Sie unbedingt darauf achten, dass es sich dabei um ein Objekt handelt, das dem Beuteschema der Samtpfote weitestgehend entspricht, damit der Jagdtrieb auch ausgelöst werden kann.
Sie können die Spielangel hinter sich herziehen und somit das Interesse Ihres Katzenkindes wecken. Versuchen Sie dabei immer die Maus möglichst echt zu bewegen. Dies erzeugen Sie, indem Sie die Maus ein bisschen zucken lassen, dann eine kleine Pause einlegen, bevor es weiter geht. Ihr kleiner Racker wird mit Gewissheit hinter der Maus herjagen. Für fortgeschrittene Jäger bietet es sich an, die Maus auf dem Boden hin und her zu bewegen. Achten Sie jedoch dabei immer darauf, dass Sie die Maus von ihrer Katze weg bewegen, um möglichst eine reale Situation zu erzeugen. Auch hier ist es wieder wichtig für möglichst viel Abwechslung zu sorgen, damit ihr Katzenkind das Interesse nicht verliert. Sie können die Maus beispielsweise auf höchster Ebene des Kratzbaums oder im Regal postieren. Wenn Sie das Mäuschen nun ein bisschen hin und her zucken lassen, wird der kleine Stubentiger mit Hingabe danach hauen und versuchen es zu packen.

Das Teebeutelspiel

Eine interessante Abwechslung im täglichen Spiel bietet ein Teebeutel. Da Katzen ihre Beute gerne auf den spezifischen Geruch hin untersuchen, löst ein Teebeutel das Jagdfieber aus. Dabei sollten Sie darauf achten, ausschließlich reine Kräuterteemischungen zu verwenden, die weder schwarzen, noch grünen Tee und keine künstlichen Aromen enthalten. Die meisten Katzen lieben Baldrian- sowie Anguratee. Dieser peruanische Magentee wird aus einer Heilpflanze (Anguraté) gewonnen, die in den Anden wächst. Besonders Anguratee, löste bei vielen Katzen den Spieltrieb aus. Den Teebeutel können Sie langsam über den Boden ziehen, in Verstecken verschwinden und durch die Luft fliegen lassen. Ihrer Fantasie sind keine Grenzen gesetzt, sofern Sie natürliche Beute imitieren. Wenn Ihr Katzenkind die „Teebeutelbeute" erwischt hat, wird es an diesem sein natürliches Beuteverhalten ausführen können. Der Teebeutel wird nun in die Luft geworfen, mit den Hinterbeinen attackiert und gerupft. Besonders beim „Tötungsbiss" benötigen Sie starke Nerven, denn die dünne Hülle des Teebeutels ermöglicht Ihrer Katze eine vollständige Zerlegung der „Beute". Dies bedeutet, dass sich der Inhalt des Teebeutels nun eventuell auf Ihrem Wohnzimmerteppich befindet. Um dies zu vermeiden, bietet es sich an, den Teebeutel zusätzlich durch eine weitere Hülle in Form eines kleinen Säckchens zu schützen. Dabei sollten Sie jedoch darauf achten, dass der Geruch des Tees trotz der „Umverpackung" wahrgenommen werden kann.

Aha!

Teilen Sie sich mit Ihrem Katzenkind Baldrian- und Anguratee. Beide Teesorten erhalten Sie in Apotheken.

Das Schnürchenspiel

Anstatt einer Angel können Sie auch Schnüre, Kordeln, Schnürsenkel und Wollfäden über den Boden ziehen. Besonders interessant wird es, wenn Sie alle Ebenen der Wohnung mit einbeziehen. Sie können von einem Raum zum Anderen laufen, die Schnur über die Couch, den Kratzbaum, Stühle, etc. ziehen. Oder Sie lassen die Schnur über Ihrem Katzenkind baumeln.
Jeder Stubentiger hat ein Lieblingsmaterial. Einige Katzenkinder finden Bast ganz toll, andere mögen Stoff, Gummibänder, Wolle oder Plastik (dünne Packbänder, die um Kartons herum gespannt sind). Testen Sie, welches Schnürchen Ihr Katzenkind am liebsten mag.

Wichtig

Lassen Sie niemals Schnüre oder Angeln in der Wohnung herumliegen. Es besteht extreme Gefahr für Ihr Katzenkind. Richten Sie sich stattdessen doch einfach eine Spielsachenschublade ein.

Das Strohhalmspiel

Was knistert denn da so verführerisch? Vor allem Geräusche wecken die Aufmerksamkeit unserer Samtpfoten. Ein Strohhalm, der über den Boden schlittert, auf dem Kratzbaum hin und her bewegt wird oder unter einem Stück Packpapier langsam verschwindet, weckt den Spieltrieb Ihres Stubentigers. Selbstverständlich können Sie den Strohhalm auch an einem Faden oder Gummiband befestigen und hinter sich herziehen. Oder Sie lassen diese Form der Spielangel über den Boden zucken und hinter einem Gegenstand (Schrank, Kratzbaum, etc.) langsam verschwinden.

Info

Erfolgstipp

Strohhalme finden Katzenkinder ganz prima! Auf dieser Beute kann man herrlich herum kauen. Achten Sie aber immer darauf, dass Ihr Minitiger keine Teile davon abbeißt oder verschluckt!

Das Blumenspiel

Auch der Geruchssinn Ihres Katzenkindes sollte geschult werden. Dies gilt insbesondere, wenn die Katze sich ausschließlich in der Wohnung aufhält. Bringen Sie Ihrem Stubentiger doch ein wenig Abwechslung aus der Natur mit. Zum Spielen eignen sich Gänseblümchen, Gras, Zitronenmelisse, Petersilie, Schnittlauch, ungespritzte Rosenblätter, Laub, Stöckchen, Steine und alles, was Ihnen in die Quere kommt und keine Gefahr für Ihr Katzenkind darstellt. Die Naturobjekte können Sie werfen, über den Boden schlittern lassen, an einer Angel hinter sich herziehen, auf dem Kratzbaum oder hinter Schränken zucken lassen und vieles mehr.

Viele Katzen mögen den Geruch von Blumen.

Das Papierschnipselspiel

Wenn Sie keine Probleme damit haben, Ihre Wohnung vorübergehend in ein Papierparadies zu verwandeln, können Sie folgende Spielidee ausprobieren. Besorgen Sie sich Papierschnipsel aus einem Aktenvernichter. Bei Nachfrage werden Ihnen die meisten Firmen in Ihrer Umgebung dankbar einen ganzen Sack davon aushändigen. Diese Papierschnipsel können Sie nun in einen Karton füllen und Ihrer Katze zur Verfügung stellen. Darin lässt sich herrlich herumwühlen. Besonders spannend wird es natürlich für das Katzenkind, wenn Sie außerdem noch ein Spielzeug hineinwerfen. Seien Sie Ihrer Katze jedoch bitte nicht böse, wenn für sie das Spiel daraus besteht, die Kiste auszuräumen und die Papierschnipsel in der Wohnung zu verteilen.

Aha!

Anstatt Papierschnipsel können Sie im Herbst auch heruntergefallen Blätter sammeln.

Das Kartonspiel

Kartons üben eine ungeheure Anziehungskraft auf Ihren pelzigen Mitbewohner aus. In ihnen kann man sich verstecken, herum wühlen oder sich nach Herzenslust ausruhen.

Um den Karton in das tägliche Spiel zu integrieren, kann man Löcher hinein schneiden und die Katze nach etwas stochern lassen. Es eignen sich alle Arten an Spielangeln, Federstäben, etc. Katzenkinder lieben es, in dunklen Höhlen und engen Nischen zu wühlen. Sie sollten jedoch unbedingt darauf achten, dass die Löcher groß genug sind und keine scharfen Kanten haben, damit sich Ihr Stubentiger nicht verletzt. Selbstverständlich können Sie Ihrer Katze auch einen Karton ohne Löcher bereitstellen. In diesen können Sie Bälle oder Ähnliches hineinwerfen oder Sie überlasen Ihrer Katze den Karton zur Selbstbeschäftigung. Um das neue Spielobjekt in diesem Fall besonders interessant zu machen, können Sie ihn mit allem was knistert befüllen. Es eignet sich Pack- oder Backpapier genauso wie Seidenpapier.

Erfolgstipp

Tauschen Sie vorhandene Kartons von Zeit zu Zeit aus. Neue Kartons wecken das Interesse Ihres Stubentigers.

Das Küchenrollenspiel

Um das natürliche Bedürfnis einer jeden Katze nach wilden Raufereien zu befriedigen, bietet es sich an, ihrem Stubentiger ab und zu eine Küchenrolle zu spendieren. Wenn Sie diese über den Boden rollen lassen, bereiten Sie Ihrer Samtpfote nicht nur ein herrliches Beutespiel. Sie ermöglichen Ihr sogar Ihre Instinkte daran auszuleben, denn im Gegensatz zu anderen Spielobjekten, kann Ihre Katze sich in der Küchenrolle festbeißen, sie in die Luft werfen, mit den Hinterbeinen attackieren und einzelne Papierstücke herausreißen. Gerade am Abend, wenn Sie sich selbst nichts sehnlicher wünschen, als ein wenig Ruhe und Entspannung, kann die Küchenrolle Ihrer Samtpfote dennoch eine Spielmöglichkeit bieten, ohne dass Sie selbst aktiv sein müssen. Natürlich kann das Wohnzimmer nach der wilden Rauferei mit der Küchenrolle einem Papierfriedhof gleichen, aber wen stört das? Die Hauptsache ist doch, dass Mensch und Katze glücklich sind. Außerdem lässt sich das Chaos am nächsten Tag ganz bequem mit dem Staubsauger wieder entfernen.

Das Höhlenspiel

Als Kinder haben wir alle gerne Höhlen gebaut, indem wir Decken über Stühle gespannt haben. Auch Katzenkinder lieben diese Höhlen! Einen besonderen Reiz bietet die gebaute Höhle, wenn Sie darunter Federn oder ungekochte Spaghetti zucken lassen und blitzschnell wieder weg ziehen. Manche Katzen finden es darüber hinaus äußerst spannend, wenn ihr Mensch von außen leicht gegen die Decke klopft. Dann kann Ihr Katzenkind, das sich im Inneren der Höhle befindet, Ihre Hand fangen, ohne Sie dabei zu verletzen.

Erfolgstipp

Einen besonderen Reiz für Ihr Katzenkind stellt die Bettenburg dar. Wenn unter Ihrem Bett Platz sein sollte, können Sie Ihre Bettdecken und Wolldecke so platzieren, dass sie leicht den Boden berühren. Nun kann sich Ihr Stubentiger von dort aus nach Herzenslust an die Beute heranschleichen. Dabei sind Sie natürlich wieder als Entertainer gefragt. Lassen Sie Beuteobjekte in Form von Spielmäusen, ungekochten Spaghettis, getrockneten Erbsen, etc. vor dem Bettenvorhang herum schlittern. Oder bewegen Sie eine Spielangel vor der „Höhle".

Das Detektivspiel

Katzen haben einen ausgeprägten Geruchssinn. Sie können Gerüche wesentlich intensiver wahrnehmen, als wir Menschen.

Wissenschaftler gehen davon aus, dass der Geruchssinn einer Katze im Vergleich zum Menschen vierzehn Mal stärker ausgeprägt ist. Diese Tatsache kann wohl dahergehend begründet werden, dass unsere Stubentiger nicht nur mit der Nase riechen. Sie besitzen darüber hinaus das sogenannte Jacobson'sche Organ innerhalb ihres Gaumens. Aus diesem Grund öffnen unsere Samtpfoten manchmal auch ihren Mund, wenn sie Gerüche wahrnehmen. Das bezeichnen Wissenschaftler als „Flehmen".

Diese Eigenschaft unserer Katzenkinder können wir für abwechslungsreiche Spielideen nutzen, indem wir zum Beispiel Katzensnacks in Kräutertöpfchen, Schalen, unter Tischen, Stühlen, in Nischen und vielen weiteren Verstecken deponieren. Sobald Ihr Katzenkind verstanden hat, was Sie da machen, wird es sich begeistert auf Spurensuche begeben. Sofern Sie über einen Balkon verfügen, können Sie diesen selbstverständlich ebenfalls als „Tatort" benutzen. Natürlich eignen sich nicht nur Katzensnacks für dieses Spiel. Auch mit Katzenminze, Baldrian, Schnittlauch und ähnlichen intensiv riechenden Naturobjekten gefüllte Säckchen lassen sich in der Wohnung oder auf dem Balkon verstecken und laden zum Spielen ein.

Info

Erfolgstipp

Sie können Ihrer Katze auch einen Katzensnack in ein Stück Küchenrolle einwickeln. Aufgrund seines guten Geruchssinns, riecht Ihr Stubentiger den Snack durch das Papier hindurch und wird, sofern er Lust hat, das Päckchen auspacken.

Katzen-Flipper

Katzen finden Badewannen meist sehr spannend. In ihnen kann man sich verstecken, an warmen Tagen ein entspanntes Nickerchen machen und interessante Spiele spielen. Während der ersten Erkundungstouren können Sie das Interesse eines Samtpfötchens wecken, indem Sie einen Ball in die Wanne rollen lassen. Durch die ständigen Bewegungen wirkt dies fast wie lebendige Beute. Hat sich das Katzenkind mit dieser neuen Spielmethode vertraut gemacht und empfindet sie nicht als Bedrohung, dann können Sie den „Katzen-Flipper" installieren. Dazu benötigen Sie lediglich einige bruchsichere Hindernisse aus Ihrem Haushaltsbestand. Es eignen sich Kartons, Putzeimer, Plastikbecher, Nudelsiebe, ungeöffnete Konservendosen, usw. Stellen Sie nun die ausgewählten Hindernisse in der Badewanne auf und lassen Sie den Ball rollen. Anstatt des Balls können Sie auch einen Faden um die Gegenstände herumziehen. Katzen finden es super, wenn Beute über den Boden schlängelt und sich langsam aus ihrem Blickfeld entfernt. Da müssen die kleinen Detektive doch mal nachsehen …

Info

Erfolgstipp

Auch wenn die Samtpfote nicht gleich zu Beginn dem Ball oder Faden hinterherjagt, sollten Sie nicht sofort aufgeben. Manche Katzen mögen dieses Spiel lieber alleine spielen. Lassen Sie den Flipper deshalb noch einige Zeit stehen und den Ball liegen. (Den Faden sollten Sie aus Sicherheitsgründen lieber wegräumen, damit sich Ihr Katzenkind nicht versehentlich im Spiel darin verheddert.) Wenn Sie Ihr Katzenkind nicht dabei „ertappen", wie es selbstversunken den Ball hin und her bewegt, können Sie ihn immer noch abbauen.

Katzenkinder sind extrem neugierig. Diese Eigenschaft können Sie sich beim täglichen Spiel zu Nutze machen.

Erfolgstipp

Anstatt Katzensnacks können Sie auch Trockenfutter verwenden, dass Ihre Katze nicht kennt. Verwenden Sie dieses Futter jedoch ausschließlich für das Futterfangspiel, sonst stellt es für Ihr Katzenkind keine Besonderheit dar und das Spiel verliert seinen Reiz. Das Futterfangspiel eignet sich hervorragend am Morgen, wenn Sie Ihre Tasse Kaffee genießen.

Das Futterfangspiel

Ein besonders schönes Spiel ist das Futterfangspiel. Im Gegensatz zu vielen anderen Spielen wird dieses Unterhaltungsprogramm niemals langweilig, denn hierbei wird das natürliche Futterjagdverhalten Ihres Stubentigers simuliert. Außerdem muss sich der kleine Racker immens viel bewegen, um die Beute zu erhaschen. Sie unterstützen also auf spielerische Art und Weise die Fitness ihres kleinen Lieblings. Werfen Sie ihrer Katze einzelne Elemente des Trockenfutters oder Katzensnack zu. Ihr Stubentiger wird begeistert versuchen diese zu fangen und anschließend genüsslich verspeisen. Sie können das Futter auch über eine glatte Bodenoberfläche (Fliesen, Laminat, etc.) schlittern lassen. Dadurch ist Ihr Katzenkind gezwungen der Beute hinterherzulaufen. Diese Variante imitiert am ehesten natürliche Beute und bereitet Tier und Mensch sehr viel Spaß. Sie sollten jedoch daran denken, das bei diesem Spiel verwendete Futter von der Tagesration abzuziehen.

Selbstgemachtes Katzenspielzeug

Das meiste Katzenspielzeug finden Katzenkinder nach einiger Zeit ziemlich langweilig. Manches gekaufte Spielzeug wird Ihr Stubentiger sogar von Anfang an verschmähen. Warum? Ganz einfach: Einige Spielsachen sind nur bedingt katzengerecht, da sie keiner natürlichen Beute ähnlich sind. Ihnen mögen die bunten Farben und flauschigen Materialien vielleicht gefallen, doch Ihr Katzenkind sieht das eventuell ganz anders. Einfaches Katzenspielzeug können Sie selbst herstellen. Das ist weder mit enormen Kosten, noch mit viel Zeit verbunden. Viele der hier vorgestellten Gegenstände haben Sie vielleicht sogar schon in Ihrem Haushalt.

Die selbstgemachte Spielangel

Nach einiger Zeit verlieren Katzenkinder die Lust an einem bestimmten Spiel. Eine Spielangel, die wochenlang für Spaß gesorgt hat, ist dann langweilig. In solch einem Fall können sie sehr schnell für Abwechslung sorgen, ohne neues Katzenspielzeug kaufen zu müssen. Sie brauchen lediglich elastisches Gummiband und ein wenig Fantasie. An dem Gummiband lassen sich nämlich immer wieder andere Gegenstände fixieren, sodass mit minimalem Aufwand maximale Abwechslung erzielt werden kann. Sie können natürlich auch eine bereits vorhandene Spielangel umfunktionieren. Schneiden Sie einfach das befestigte Objekt ab und binden Sie etwas anderes daran fest. Es eignen sich Nudeln, Pfeifenputzer, Eisstile aus Holz, Spielmäuse, Kabelbinder, Korken, kleine Zweige, Blätter, Blumen, „Bommel", Strohhalme, Federn, Haushaltsgummis und vieles mehr.

Info

Erfolgstipp

Selbstgemachte Spielangeln finden Katzenkinder meist interessanter als gekaufte Angeln. Wechseln Sie das Beuteobjekt an der Angeln regelmäßig aus. Viele Spielsachen gewinnen für Ihr Katzenkind an Reiz, wenn Sie diese längere Zeit nicht benutzen.

Die selbstgemachten Riechsäckchen

Viele Katzen sind ganz verrückt nach Katzenminze und Baldrian. Sie werden davon magisch angezogen und reiben ihr Köpfchen daran. Sie brauchen jedoch keine Angst vor einer Abhängigkeit oder Ähnlichem zu haben. Diese „Naturstoffe" sind vollkommen unbedenklich. Nehmen Sie einen Nylonstrumpf (keine Strumpfhose!) und befüllen Sie ihn mit Katzenminze oder Baldrian. Verknoten sie anschließend dieses Säckchen, bevor Sie es Ihrer Katze zum Spiel anbieten. Ihr selbstgemachtes Riechsäckchen können Sie zum Beispiel über den Boden schlittern lassen, werfen oder an der Spielangel befestigen.

Erfolgstipp

Anstatt eines Riechsäckchens können Sie auch ein Raschelsäckchen herstellen. Füllen Sie Reis oder Knisterfolie in das Säckchen.

Der selbstgemachte Bommel

Im Kunstunterricht der Grundschule fertigen die Kinder oftmals sogenannte „Bommel“ aus Wollresten an. Diese eignen sich hervorragend als Spielobjekt für Katzenkinder und sind zudem noch ganz schnell hergestellt. Sie benötigen lediglich Pappe zum Erstellen einer Schablone und Wolle.
Zeichnen Sie zunächst einen Kreis auf die Pappe. Dazu können Sie ein Glas oder eine Tasse benutzen und die Umrisse der geöffneten Seite nachzeichnen. Schneiden Sie nun den Kreis aus. Zeichnen Sie anschließend einen kleineren Kreis hinein und schneiden Sie diesen ebenfalls aus. Fertigen Sie nun einen zweiten Kreis an, indem Sie Ihre Schablone auf Pappe auflegen. Legen Sie diese beiden Kreise relativ bündig übereinander und führen die Wolle vom inneren Kreis aus über den Rand. Sie sollten die Schablone so lange umwickeln, bis nur noch ein winziges Loch in der Mitte zu sehen ist. Nun wird das Ende des Fadens festgebunden. Anschließend schneiden Sie ganz vorsichtig zwischen den Schablonen entlang. Nach etwa der Hälfte des Kreises müssen Sie die Wolle mithilfe eines weiteren Fadens fixieren, damit der Bommel entstehen kann. Nachdem Sie den Faden verknotet haben, können Sie den Bommel aus dem Rest der Schablone herausziehen. Anleitungen für Bommel gibt es auch im Internet.
Dieses neue Spielzeug eignet sich sowohl für Wurfspiele, als auch zur Selbstbeschäftigung.

Die selbstgemachte Zauberkiste

Katzenkinder sind sehr neugierig und lieben es, neue Objekte zu erkunden. Machen Sie sich diese Eigenschaft zu Nutze und basteln Sie Ihrer Katze eine Zauberkiste. Sie benötigen einen Karton, Raschelpapier und die Lieblingssnacks Ihres Katzenkindes. Füllen Sie den Karton mit Packpapier und Zeitungsblättern. Werfen Sie einen Katzensnack hinein, sobald Ihr Katzenkind aufmerksam geworden ist. Die Aufgabe Ihres Katzenkindes besteht darin, trotz des Papiers an die Katzensnacks zu gelangen.

Alles langweilig – und nun?

Grundsätzlich gilt: Ihre Katze wird, gerade wenn sie nur im Haus lebt, immer wieder neue Spielanregungen von Ihnen benötigen. Ihr Stubentiger ist zu intelligent, um immer wieder ein und demselben Spielobjekt hinterher zu laufen. Er hat die Maus an der Angel eben schon unzählige Male vom Wohnzimmerteppich aus hinter dem Schrank verschwinden sehen. Wer kann der Samtpfote da noch verübeln, wenn sie demonstrativ in eine andere Richtung schaut, herzhaft gähnt oder ihren Menschen gelangweilt ansieht?
Sorgen Sie für Abwechslung im Katzenalltag, indem Sie ihm die Auslebung seines Jagdinstinkts ermöglichen. Das mag nun auf den ersten Blick recht müßig klingen, allerdings muss es das nicht sein. Denn jeder Mensch kann seine Kreativität im Sinne des Stubentigers schulen. Sobald Sie sich zum Ziel setzen, mit offenen Augen durch die Wohnung bzw. die Welt zu gehen, werden sie immer wieder neue Objekte und Spielideen finden, denn grundsätzlich eignet sich alles zum Spielen, sofern es keine Gefahr darstellt.

Aha!

Erfolgstipp

In Ihrem Haushalt finden Sie immer wieder geeignete Spielobjekte. Sofern keine Verletzungsgefahr besteht, können Sie alles ausprobieren, was Ihnen in die Hände fällt. Ihr Katzenkind zeigt Ihnen schon, ob das Objekt interessant genug ist.

Wenn Katzenkinder erwachsen werden

Alle Katzenkinder versuchen ihre Grenzen auszuloten. So mancher Katzenhalter wundert sich während der Phase des Erwachsenwerdens über die plötzliche Stimmungsänderung seiner Samtpfote. Gerade Katzenkinder, die täglich über ein umfangreiches Unterhaltungsprogramm verfügen, verweigern unerwartet das gemeinsame Spiel. Sobald der Katzenhalter jedoch das Spielobjekt genervt beiseitelegt, miaut das Katzenkind plötzlich herzzerreißend, getreu dem Motto: „Keiner spielt mit mir".

Warum machen Katzen das? Die Ursache liegt in der Rangordnung, die das Katzenkind nun zu seinen Gunsten festlegen möchte. Der kleine Tiger wird soeben erwachsen und möchte natürlich auch den Ton angeben. Lassen Sie sich diese Marotten bitte nicht gefallen. Um das Verhalten des Stubentigers wieder in die gewohnten Bahnen zu lenken, müssen Sie sich lediglich bewusst machen, dass Sie das „Alphatier" sind. Sie bestimmen die Spiel- und Essenszeiten und nicht ihr Katzenkind. Wenn die Samtpfote nicht auf das Spielangebot eingeht, können Sie einfach weggehen und die Katze ignorieren. Verhalten Sie sich einfach so, als wäre Ihre Katze nicht da. Sobald Sie nämlich den Fehler begehen und Ihrer Katze hinterherlaufen, hat sie „gewonnen". Oder Sie spielen einfach alleine. Verhalten Sie sich ebenfalls so, als wäre Ihre Katze nicht da. Während Ihrer Spielphase sollten Sie möglichst konzentriert wirken. Schauen Sie Ihr Katzenkind auf keinen Fall an. Nach einiger Zeit wird Ihr Stubentiger seinen Sturkopf vergessen und mitspielen wollen, denn wenn Sie so konzentriert bei der Sache sind und offensichtlich Spaß haben, ist die Spieleinheit für Ihr Katzenkind plötzlich wieder spannend. Lassen Sie nun Ihre Samtpfote am gemeinsamen Spiel teilhaben.

Info

Wenn Ihr Katzenkind circa ein halbes Jahr alt ist, kommt es in die Pubertät. Während dieser Phase versucht Ihr Katzenkind die „Herrschaft an sich zu reißen". Es möchte nun der Chef im Haus sein. Lassen Sie sich das rüpelhafte Verhalten nicht gefallen, sonst sind Sie für alle Zeit das „Personal" Ihrer Katze.

Ich verändere mich

Sie werden sehr schnell merken, wenn Ihr Stubentiger in die Pubertät kommt. Katzendamen werden nun zum ersten Mal rollig und somit geschlechtsreif. Sie strecken ihr Hinterteil in die Luft, wandern missmutig auf und ab und „rufen" nach einem Kater. Dieses Schreien kann uns Menschen ganz schön mürbe machen, da die Katzendamen besonders in der Nacht ihrer Suche Ausdruck verleihen.

Kater hingegen schreien nicht, sondern markieren ihr Revier. Da die Wohnung nun mal sein zu Hause ist, wird Ihr Stubentiger während der Pubertät Schränke, Teppiche, Türrahmen usw. mit einem übelriechenden Urinstrahl versehen.

Egal ob Sie eine Katzendame oder einen Kater haben: Sie müssen nun handeln. Vereinbaren Sie einen Termin beim Tierarzt und lassen Sie Ihr Katzenkind sterilisieren bzw. kastrieren. Dies mag sich vielleicht „grausam" anhören, doch auf Dauer tun Sie Ihrem Liebling damit einen großen Gefallen, schließlich werden Wohnungskatzendamen alle 2 Wochen rollig, auch Wohnungskater verleihen innerhalb dieses Zeitraumes ihrer Geschlechtsreife Ausdruck.

Wenn Ihr Katzenkind circa ein Jahr alt ist, hat es die Pubertät hinter sich gebracht. Es wird langsam ruhiger, schläft mehr und ist wesentlich ausgeglichener. Sie können nun aufatmen, die schwierige Zeit ist überstanden.

Mein Revier gehört mir

Katzen sind sehr anpassungsfähige Zeitgenossen. Sie fühlen sich alleine wohl, können aber auch in Gruppen zusammenleben. Entscheidend ist hier einzig und allein die Sozialisation. Wenn mehrere Katzenkinder gleichzeitig bei Ihnen einziehen, gewöhnen sich die Stubentiger von Anbeginn an die Anwesenheit der anderen Katzen. Am leichtesten fällt dies allen Beteiligten, wenn es sich bei dem „Katzenrudel" um Geschwister handelt. Die Tiere kennen sich bereits untereinander und sind aneinander gewöhnt. Sie spielen, kuscheln und raufen miteinander. Natürlich gibt es auch unter Geschwistern Streit.

Aber zahlreiche Studien belegen, dass Katzen, die sich vom ersten Tag an kennen, am Besten miteinander auskommen. Problematisch kann es hingegen werden, wenn Sie bereits eine Katze haben und sich dazu entschließen ein weiteres Katzenkind bei sich aufzunehmen. Die alteingesessene Katze wird diese Entscheidung nicht unbedingt begrüßen. Schließlich ist dieser Neuzuwachs ein Eindringling, der es sich obendrein auch noch in ihrem Revier gemütlich machen will.

Einige Stubentiger reagieren hingegen mit völligem Rückzug auf den Neuzugang. Sollte Ihr alteingesessenes Katzenkind ängstlich und sensibel sein, so kann es passieren, dass es durch den Neuzugang noch ängstlicher wird und Ihnen nicht mehr vertraut. Diese introvertierten Katzen verkrümeln sich dann irgendwo in der Wohnung und zeigen sich nur noch selten. Katzen sind nun einmal Gewohnheitstiere und schätzen solche einschneidenden Veränderungen nicht sonderlich.

Aus diesem Grund sollte sich jeder Katzenhalter vorab Gedanken darüber machen, ob er eine oder gleich mehrere Katzenkinder aufnehmen möchte. Wenn jedoch eine Katze plötzlich alleine in Ihrer Wohnung leben muss, etwa weil der vierbeinige Partner gestorben ist, sollte man abwägen, was für die hinterbliebene Katze am besten wäre. Ist die Samtpfote nun den ganzen Tag alleine, weil der Mensch arbeiten muss, ist es sicherlich eine Überlegung wert, der Katze einen neuen Weggefährten zu suchen. Am leichtesten fällt es einer Katzendame, ein junges Katzenkind in Form eines Katers zu akzeptieren. Das Katzenbaby löst, wenn alles gut geht, einen Beschützerinstinkt aus. Wissenschaftliche Untersuchungen zeigen, dass die Konstellation Kater und Katze die wenigsten Probleme hervorruft. Allerdings gibt es auch Katzendamen, die so gar nichts für diese lauten und ungehobelten „jungen Dinger" übrig haben. In diesem Fall sollten Sie dafür Sorge tragen, dass der neue Bewohner nur auf Probe bei Ihnen lebt und unter Umständen wieder ausziehen kann. Klären Sie deshalb vorab, ob Sie das Katzenkind wieder zurückgeben können, falls Ihre Katze sich nicht mit ihm verträgt. Der Mensch sollte allerdings niemals eingreifen, wenn Katzen sich streiten. Jedoch können Sie durchaus dafür sorgen, dass die Situation nicht eskaliert. Zeigen Sie Ihrer Samtpfote, dass sie nach wie vor die Nummer eins ist. Sie sollten sich noch intensiver um sie kümmern und Zeit mit ihr verbringen, damit ihr vierbeiniger Freund merkt, dass es keinen Grund zur Eifersucht gibt. Auch wenn es schwerfällt, dürfen Sie nicht den Fehler machen und sich jetzt ausschließlich um den süßen Neuzugang kümmern. Wie würden Sie sich denn fühlen, wenn Ihre Katze Sie nicht mehr beachten, aber vom Nachbarn gar nicht genug bekommt? Sicherlich würde Sie diese Situation ebenfalls verwirren, wenn nicht sogar unglücklich machen. Genauso geht es einer Katze, die plötzlich Ihr Revier und ihren Menschen teilen soll.

!!!

Überlegen Sie vorab, ob Sie ein oder mehrere Katzenkinder bei sich aufnehmen wollen. Die meisten Katzen schätzen es nicht, wenn sie plötzlich mit einer fremden Katze Ihr Revier teilen sollen.

Service

Die Fotografin dankt Ilka Brinkmann, Achern, für ihre super kooperierenden Maine Coon-Models (**www.catchfire-tigers.de**).
Die Autorin dankt ihrem Katzenkind Karli für die wundervolle Freundschaft. Mit unermüdlicher Gedult brachte Karli ihr alles über Katzen bei.

Buchtipps

- Evans, M. (2010): *Katzenkinder aufziehen.* Verlag Eugen Ulmer, Stuttgart.
- Hüsemann, L. (2009): *Spiel und Spaß mit Katzen.* Verlag Eugen Ulmer, Stuttgart.
- Landwerth, L., J. Rohrbach (2011): *Wohnungskatzen.* Verlag Eugen Ulmer, Stuttgart.
- Laukner, A. (2007): *Katzen füttern.* Verlag Eugen Ulmer, Stuttgart.
- Rousselet-Blanc, P. (Hrsg.) (2008): *Alles über Katzen.* Verlag Eugen Ulmer, Stuttgart.
- Rüssel, K. (2010): *Katzen-Clickertraining.* Gräfe und Unzer Verlag, München.
- Tabor, R. (2006): *Die Sprache der Katzen.* Verlag Eugen Ulmer, Stuttgart.

Klicks im WWW

www.katzen-forum.de
www.katzenforum-bubastics.de
www.miau.de
www.pfotenhieb.de
www.tierschutzbund.de

Hinweis: Der Verlag Eugen Ulmer ist nicht verantwortlich für die Inhalte der im Buch genannten Websites.

Bezugsquelle

www.keramik-im-hof.de
Online-Shop einer Keramikwerkstatt, die speziell legierte Trinkbrunnen für Katzen anbietet (siehe S. 23).

Bildquellen

Christine Steimer: Alle Fotos bis auf das Folgende.
Waldemar Kurt: S. 20.
Titelfoto: **Christine Steimer**

Hinweis

Die in diesem Buch enthaltenen Empfehlungen und Angaben sind von der Autorin mit größter Sorgfalt zusammengestellt und geprüft worden. Eine Garantie für die Richtigkeit der Angaben kann jedoch nicht gegeben werden. Autorin und Verlag übernehmen keinerlei Haftung für Schäden und Unfälle. Der Leser sollte bei der Anwendung der in diesem Buch enthaltenen Empfehlungen sein persönliches Urteilsvermögen einsetzen.

Impressum

Bibliografische Information der Deutschen Nationalbibliothek
Die Deutsche Nationalbibliothek verzeichnet diese Publikation in der Deutschen Nationalbibliografie; detaillierte bibliografische Daten sind im Internet über **http://dnb.d-nb.de** abrufbar.

Wollgrasweg 41, 70599 Stuttgart (Hohenheim)
E-Mail: info@ulmer.de
Internet: www.ulmer.de
Lektorat: Silke Behling
Umschlagentwurf, Innenlayout und dtp: Sojus Design, Kai Twelbeck, Stuttgart
Druck und Bindung: Litotipografia Alcione, Lavis
Printed in Italy
ISBN 978-3-8001-7536-9